王春亭 著

历代名人与梅

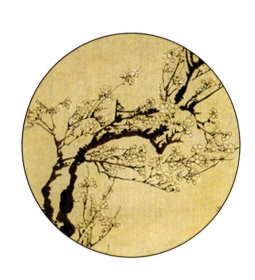

齐鲁书社

图书在版编目（CIP）数据

历代名人与梅 / 王春亭著. —济南：齐鲁书社，2014.12
ISBN 978-7-5333-3270-9

Ⅰ.①历… Ⅱ.①王… Ⅲ.①梅—文化—中国 Ⅳ.① S685.17

中国版本图书馆 CIP 数据核字（2014）第 264138 号

历代名人与梅

王春亭　著

主管单位	山东出版传媒股份有限公司
出版发行	齐鲁书社
社　　址	济南市英雄山路189号
邮　　编	250002
网　　址	www.qlss.com.cn
电子邮箱	qilupress@126.com
营销中心	（0531）82098521　82098519
印　　刷	山东德州新华印务有限责任公司
开　　本	720mm×1020mm　1/16
印　　张	17.75
插　　页	2
字　　数	207千
版　　次	2014年12月第1版
印　　次	2014年12月第1次印刷
标准书号	ISBN 978-7-5333-3270-9
定　　价	**88.00元**

序　言

　　梅文化是中国传统文化的重要组成部分，早在《诗经》中就有青年男女抛梅示爱的场景描写。历代文人不断赋予梅以新活的文化内涵，使梅承载了丰富的人文精神；梅之傲霜斗雪、凌寒怒放的独特风姿，早已成为高洁品格和铮铮铁骨的化身，成为人们的景仰对象和价值取向。梅文化虽然源远流长，然而，梅文化的研究群体还不够壮大，梅文化的研究工作尚不够活跃、不够热烈。但令人欣喜的是，在这不大的群体里，在这种略显平静的氛围中，有一个身影渐渐引起了同行的注意，这个人就是生活在齐鲁大地腹地沂蒙山区的王春亭先生。

　　我与王春亭初识于20世纪90年代，那是在武汉召开的第五届中国梅花蜡梅展览会上。随着交往次数的增加，更因为共同的志趣爱好，我们渐渐成了朋友，我也就了解了他的一些故事。王春亭既不是植物学者出身，也不是园艺师身份，他曾在本县职工中专和一处初级中学担任过校长。工作之余，他孜孜不倦地学习经学、文学、历史以及书画等知识，在这些方面颇有学习心得。20世纪90年代初，他痴迷上梅花后，便一发而不可收。2000年春，王春亭在家乡沂水县雪山南麓建造了一处占地50余亩的梅花专类园——雪山梅园。该园栽植梅花近千株、70余个品种，并以梅文化石刻艺术为主要特色，其中的"百梅图石刻"于2001年被上海大世界基尼斯总部确认为"大世界基尼斯之最"。王春亭现为中国花卉协会梅花蜡梅分会理事。

王春亭不仅爱梅、植梅，还致力于对梅文化的调查、研究和整理工作。近年来，他陆续在《书法报》《北京林业大学学报》等报刊上发表《咏梅楹联鉴赏》《咏梅闲章释义》《咏梅斋号撷取》等文章，在梅文化研究领域颇有建树，崭露头角。2013年7月，在昆明召开的中国第十四届梅花蜡梅展览会预备会上，王春亭拿出《历代名人与梅》书稿给我看，嘱我写序，并提提意见和建议。面对着书稿的厚重和作者的真诚，我爽快地答应了。

以往研究梅文化方面的著作，以涉及咏梅诗词、绘画者居多，其内容多为咏梅诗词汇编、校注、赏析或是介绍画梅名家的生平事迹、代表作品等，内容、形式较为单一。《历代名人与梅》虽然也涉及了这两个方面的内容，但侧重点不同。如在《诗词咏梅》（第二章）部分，作者突出论述了历代名家是如何托物言志、借物抒情的，着重介绍了历代名人表现梅花人文意蕴的作品；在《翰墨画梅》（第三章）部分，作者突出论述了历代画梅名家的主要艺术风格。这两部分内容在以前的此类著作中是较少论及的。可以说，本书是点评画梅、咏梅名作名句的集大成之作。另外，与同类书不同的是，该书还对历代名人所使用的以梅命名的别号、室名以及植梅、伴梅等情况进行了比较系统全面的分析研究，这在以往出版的梅文化论著中也是很少涉及的。到目前为止，与该书章节结构类似的著作尚未得见。所以，我以为，选材新颖，内容深刻，视角独到，这是本书的第一个特点。

书画结合、图文并茂是本书的第二个特点。为增强该书的可读性和观赏性，书内选配了大量的图片资料。这些图片大都是作者近十年到全国各地的名人故居、纪念馆、墓地以及与之有关的风景名胜考察时获取的。王春亭每年都数次自费外出，进行梅文化"美旅"，实地考察、拍照、核实资料，了解历史及现状，亲身感受领悟，把评余脉。读者不用移动脚步，就能饱览各地有关梅文化的名胜景观、人文逸趣。文图相配，书画兼备，增强了本书的阅读趣味和收藏价值。

以往的梅文化专著大都是高等院校教育工作者撰写的，虽然理论性较强，学术价值较高，但往往不大适合一般的阅读群体。《历代名人与梅》在体例、结构、内容、语言等方面，既考虑到它的严谨性、学术性，又兼顾到它的通俗性和可读性。该书既适合于文学艺术修养较高的读者群体（书画家、诗人、学者、专业工作者等）参考借鉴，也适合于梅文化爱好者和一般读者群体阅读欣赏。读者可以学到很多诸如画梅、咏梅、斋号命名等方面的知识，能够增强这方面的造诣和能力。所以，雅俗共赏，介于学术性与通俗性之间，构成了本书的第三个特点。

爱梅者品自高；有志者事竟成。在步履匆匆、心灵躁动的当下世俗里，王春亭先生像一位特立独行的世外高士，终日守护着自己的一片净土，埋头于梅园的管理和梅文化的搜集、发掘、研究工作。虽然身处偏僻山城，远离学术殿堂，但他孜孜以求，无怨无悔，不为功名利禄蝇营狗苟，只愿留得一身寒梅清香。如此境界，正如《梅石居记》中所云："问之何福，则欣然曰：'……天下皆春而后笑，天下皆福而后福，此予之福也。'"王春亭爱梅、植梅、写梅的动力，就是把"五福"奉献给广大民众。苍天不负有心人，十几年的心血终于结晶成这部《历代名人与梅》专著，为梅文化的整理研究工作添砖加瓦，实在是可喜可贺！在此衷心祝愿王春亭先生在今后的梅文化研究中取得更大成果。

权为序。

张启翔

2014年1月于北京林业大学

目 录

序　言 ·································· 张启翔（001）
前　言 ·································· （001）

第一章　择地植梅
一、庭院居所 ·································· （002）
二、梅园别墅 ·································· （008）
三、风景名胜 ·································· （020）

第二章　诗词咏梅
一、咏梅格 ·································· （036）
二、抒真情 ·································· （053）

第三章　翰墨画梅
一、历代梅谱 ·································· （079）
二、艺术风格 ·································· （085）

第四章　别号用梅
一、与梅同化　物我两忘——以梅字名之 ·············· （113）
二、托物言志　表述情怀——以梅事名之 ·············· （129）
三、道法自然　天地人和——以环境名之 ·············· （132）
四、心意同脉　干流同源——以斋室名之 ·············· （150）

五、景行唯贤 克念作圣——以人名名之 …………………（154）

六、精诚之至 梦想成真——以梦境名之 …………………（156）

七、藻耀高翔 风清骨峻——以佳句名之 …………………（158）

八、如入兰室 器具同芳——以器具名之 …………………（158）

第五章 斋居署梅

一、珍藏投分 挚爱无垠——根据所藏物品 …………………（159）

二、返璞归真 顺乎天性——根据居住环境 …………………（164）

三、从善若流 友言可鉴——根据他人题赠 …………………（212）

四、睹物思人 以志其念——根据喜欢之人 …………………（213）

五、魂牵情深 心驰神往——根据爱梅情结 …………………（215）

六、缘梦寄意 巧成佳境——根据梅花梦境 …………………（224）

七、卓尔不群 超然凡尘——根据高洁梅格 …………………（225）

八、转益多师 承人启己——化用诗词佳句 …………………（229）

九、追宗溯祖 一脉相承——沿袭前人斋号 …………………（236）

第六章 长相伴梅

一、生前自营 ……………………………………………………（239）

二、生前自选 ……………………………………………………（243）

三、亲友圆梦 ……………………………………………………（246）

附录一 ……………………………………………………………（255）

附录二 ……………………………………………………………（257）

附录三 ……………………………………………………………（260）

主要参考书目 ……………………………………………………（269）

后　记 ……………………………………………………………（273）

· 前 言 ·

前　言

　　一提及梅花,人们首先想到的,往往是她那傲霜斗雪、凌寒怒放的不屈精神和冰清玉洁、超凡脱俗的伟岸品格。究其原因,主要是梅花具有岁寒之心,加之中国历代文人雅士、政要才俊喜梅、爱梅并为之歌咏、赞颂的结果。

　　早在3000多年前,中国最早的诗歌总集《诗经》中就记述了一群年轻女子抛梅求爱、寻觅意中人的动人场面。到后来,尤其是唐宋以后,许多爱梅之士在表述梅花自然意蕴(色、香、姿)的基础上,开始注重发掘梅花的人文意蕴(品、韵、格)。他们视梅花为君子:将她与松、竹称为"岁寒三友",与兰、竹、菊称为"四君子";他们视梅花为知己:"平生心事许谁知?不是梅花不赋诗。"(贡性之)"闲贪茗碗成清癖,老觉梅花是故人。"(汪士慎)他们视梅花为国魂,把她作为中华民族精神的象征。如此等等,梅花的自然品性逐渐与人们的道德品质联系在一起。

　　正是由于人们如此爱梅,才有了诸多高雅之举。有的植梅育梅,"为天地布芳馨,栽梅花万树;与众人同游乐,开园围空山"(无锡梅园诵函堂联语),为后人留下了许多赏梅的绝佳去处;有的咏梅赋梅,"不要人夸好颜色,只流清气满乾坤"(王冕),谱写了一曲曲光辉灿烂的咏梅篇章;有的画梅写梅,"无补时艰深愧我,一腔心事托梅花"(彭玉麟),创作了数以千万计的画梅佳作;有的以梅名其号,以梅署其居,形成了中国姓氏和斋号文化的一大流派

·001·

和特色；有的以梅为伴，与梅同眠，"他年埋骨此山隅"（高燮。"此山隅"指自己营造的生圹——梅花香窟）、"愿与梅花共百年"（沙孟海），演绎出许多生动感人的故事，成为长久传颂的佳话……

笔者亦爱梅成痴，2000年春，在齐鲁大地的沂水雪山风景区辟地50余亩，建一梅花专类园——雪山梅园。园内植梅1000余株、70余个品种。建有百梅图石刻长廊、咏梅诗词碑廊、咏梅楹联影壁、咏梅印谱坡、五福亭、摽梅亭、知春亭、暗香浮动榭、坐中几客轩等景点。其中，"百梅图石刻"于2001年被上海大世界基尼斯总部确认为"大世界基尼斯之最"。正因如此，笔者认为自己有责任把中国历代文人雅士植梅、咏梅、画梅以及他们用梅花为别号、居室起名等一系列文化活动作一粗浅的梳理，旨在让人们进一步了解在中国历史上有哪些人在哪些方面为梅文化的形成与发展做出重要的贡献，从而让大家进一步了解梅文化，发扬梅精神，为中华民族的繁荣富强而努力奉献。

书中所选名人之朝代，按《现代汉语词典·我国历代纪元表》划分。在某朝代末出生，主要生活在下一朝代者，按上一朝代记之，如石涛（1641—约1707），虽主要生活在清代，但仍以明代记之。其他亦然。

所选名人在书中第二次出现时，其简介部分用"见前某章某部分"标出。

所选名人生卒年不详者，放某朝代后，按姓氏笔画排列。

第一章　择地植梅

为天地布芳馨，栽梅花万树；
与众人同游乐，开园围空山。

无锡梅园"诵豳堂"

上面是无锡梅园诵豳堂内的一副抱柱联。荣德生先生一生爱梅，他以"为天地布芳馨""与众人同游乐"为宏愿，于1912年在无锡建一梅花专类园，并免费向民众开放。而在中国历史上，像荣先生这样爱梅者不乏其人。他们有的在居所植梅，有的建别墅植梅，还有的在名迹胜景植梅……为梅文化的传承与发展做出了积极的贡献。

一、庭院居所

因为爱梅，文人雅士喜欢在自己的庭院居所植梅，有的盆栽，有的地植，有的专辟花园种之。所种之梅，少者三五株，多者几十株乃至上百株。花开时节，或携酒于此，浅斟低酌，陶醉其间；或邀朋会友，诗词唱和，流连忘返……留下了许多美好的故事。

南宋诗人范成大是爱梅之人。晚年辞官后，他在平江府吴郡（今江苏苏州）石湖别墅的玉雪坡上曾植梅花数百株。由于距石湖别墅稍远，不能日日往返，范成大又在城中府邸之南买下了王氏旧宅70间房屋，拆除后建为范村。在修建范村时，他仍然"以其地三分之一与梅"。范成大因为爱梅而种梅，因为种梅而知梅，因为知梅而撰有著名的《范村梅谱》。范成大在《范村梅谱》"自序"中云："梅，天下尤物，无问智贤愚不肖，莫敢有异议。学圃之士必先种梅，且不厌多，他花有无、多少，皆不系重轻。"在《范村梅谱》"后序"中，范成大还进一步阐述了自己对梅花的审美标准，即"梅以韵胜，以格高，故以横斜疏瘦与老枝怪奇者为贵"等，对后世的赏梅理论产生了深远的影响。南宋诗画家宋伯仁在其《梅花喜神谱》"序言"中写道："余有梅癖，辟圃以栽，筑亭以对……余于花放之时，满肝清霜，满肩寒月，不厌细徘徊于竹篱茅屋边，嗅蕊吹

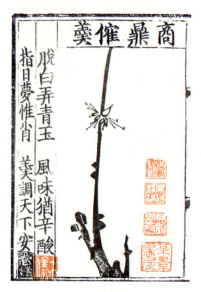

宋伯仁《梅花喜神谱》书影

· 第一章 择地植梅 ·

英,挼香嚼粉,谛玩梅花之低昂俯仰、分合卷舒,其态度冷冷然清奇俊古。"正因为宋伯仁喜梅、植梅、画梅,又善于观察,注意写生,才创作出《梅花喜神谱》这一具有极高审美价值的专题性画谱。

元代画家、诗人王冕自幼勤奋好学,进士落第后,曾北游大都(今北京),不久南归,"乃携妻孥隐于九里山。种豆顷亩,粟倍之。种梅花千树,桃杏居其半,芋一区,薤、韭各百本,引水为池,种鱼千余头。结茅庐三间,自题为'梅花屋'"(宋濂《宋学士文集》卷六〇)。王冕的旧居及所植梅花早已被湮没。近年,浙江诸暨热

九里山王冕故居——梅花屋

九里山王冕故居——洗砚池

九里山白云庵"踪寄白云"(王冕手迹)

心梅文化之士出资在九里山下修复了当年王冕的梅花屋、洗砚池及白云庵等。

嘉兴南湖（鸳鸯湖）远眺

明代书画家周履靖性喜梅花。他在浙江嘉兴南湖（亦称鸳湖、鸳鸯湖）之滨建一闲云馆，馆后种植了300多株梅花。每当梅花破寒绽蕊之时，周履靖就穿上羽衣，坐在梅林中开怀畅饮，吟咏终日。有时在明月高挂的夜晚，周履靖独自一人披衣携酒到梅树下，彻夜浅斟低酌。明代文学家、书画家陈继儒平生崇尚松竹梅之品行，常常藉以自比，晚年在华亭（今上海松江）东佘山购买新地，筑"东佘山居"，自称："遂构高斋，广植松杉，屋右移古梅百株，皆名种。"（《陈眉公文集·年谱卷》）可见其对梅花的崇尚和喜爱。

清代书画家、"扬州八怪"之首金农，工诗文书法，精于篆刻，50岁学画，尤工画梅。为了画梅，他在家中耻春亭周围种老梅30株，日夕相对，反复揣摩，形成了自己独特的艺术风格。清代著名儒商马曰琯、马曰璐兄弟二人，

金农《墨梅图》

原籍安徽祁门,后以业盐定居扬州。马氏兄弟喜诗文,富藏书,性喜梅。扬州街南书屋是他们的别墅,因为喜梅,他们特地从南京移植梅花13株栽于其中,并建"梅寮"景点一处,为街南别墅十二景之一。清代文学家姚燮爱梅成痴,自称"忍得清寒持得瘦,一生知己是梅花"。中年以后,姚燮靠卖墨梅所得,在距姚家斗不远的东岗碶村建一书楼,在房前屋后栽植梅花数亩,以示所好。其后,他便在这幽僻的"世外桃源"潜心研读,吟诗作画。

近代杰出艺术家吴昌硕一生爱梅,自谓"苦铁道人梅知己"。早年,吴昌硕就与梅花缔有深交,那时他还住在安吉城内,家中有一小园,因为不事修剪,草木蔓生,故名曰"芜园"。吴昌硕在园中手植梅

吴昌硕故居

花30余株。某年冬天,天气寒冷,大雪把吴昌硕心爱的一株老梅树的枝条压折,挂在邻家。他急忙取来绳子,想去绑缚,岂知梅枝已被邻居折去。这使他非常伤感,但也无可奈何。回家后,吴昌硕展纸挥毫画就一大幅老梅,然后题以长句,其中写道:

历代名人与梅

吴昌硕故居——书斋

邻翁惜花翻助虐，
我欲呼天嗥滕六。
风寒月落春夜深，
应有花魂根下哭。
淡墨聊当知己泪，
貌出全神此长幅。
残鳞败甲好护持，
莫再人间遭手毒。

字里行间流露出对梅花的一片深情。

吴昌硕故居——书画碑廊

近代诗人高天梅，1903 年在上海金山张堰东南隅的飞龙桥畔筑万梅花庐，房前屋后遍植梅花。

现代著名作家、园艺学家周瘦鹃一生爱梅成痴，早在 20 世纪 20 年代蛰居上海时，就常在小庭院中摆放上一二十盆梅桩。"九一八"事变后，周瘦鹃迁居苏州，倾多年卖文所得，在城内买地筑园——

紫兰小筑。园内梅丘上建造梅屋，遍植梅树，花开时节，乐在其中。朋友们誉之为"小香雪海"。周瘦鹃自己也以"梅妻鹤子"的林和靖自喻，曾做诗云："冷艳幽香入梦闲，红苞绿萼簇回环。此间亦有巢居阁，不羡逋仙一角山。"（周瘦鹃《拈花集》）

国画大师张大千，植梅、赏梅、画梅、咏梅，对梅花怀有特殊的眷恋之情，自喻为"梅痴"。早在20世纪40年代，张大千就在青城山的上清宫附近栽植了百余株梅花。移居海外后，张大千依然时常挂念着这片梅林。张大千从1949年离开大陆一直到1976年回台湾居住的近30年时间里，无论是在巴西的"八德园"，还是在美国的环荜庵，都栽植梅花，寄托情感。比如，1954年在巴西建"八德园"时，张大千除建竹林、松林、荷塘等外，还专门建造了梅花艺术区。1971年，张大千又在美国建造环荜庵（取"荜路褴褛，以启山林"之意，喻创业之艰辛）。建园时，为了购买梅树，张大千跑遍了附近的园林，不惜高价购进一批梅树。朋友们也纷纷从美国、日本、巴西和中国台湾、中国香港等国家和地区送来各种梅树100余株。张大千就用送花人的名字为每株梅花命名，如此既具有纪念意义，也表达了对赠送者的谢意。

另外，南宋著名政治家、诗人王十朋爱梅，曾在家乡辟"小小园"植梅。元代梅州前贤叶文保酷爱梅花，在其庭院广种梅花，每当梅花开时，常邀朋友于庭院中设台煮酒论梅。近现代书画家赵云壑归隐

林椿《梅竹寒禽图》

苏州时，在园中植梅 10 株。国画大师陈子庄在故乡兰园内亲手栽植 12 株梅花……

二、梅园别墅

历代爱梅者，有许多是布衣百姓，生活困苦，"画梅乞米寻常事，那得高流送米至"（金农于乾隆二十三年所画墨梅题诗），"我是无田常乞米，借园终日卖梅花"（李方膺于乾隆十九年作《墨梅图》题诗）。但也有许多是衣食无忧的官僚富豪、达官贵人。因为爱梅，他们凭借自己雄厚的经济实力，

李方膺《墨梅图》

有的建造梅花别墅，有的建造梅花专类园，有的在别墅内专辟梅花艺术区……

1. 梅园植梅

王逵梅里植梅。王逵（生卒年不详），曾任嘉兴镇遏使，后晋天福二年（937）辞官隐居梅里（亦称梅溪、梅会，今浙江嘉兴王店）。王逵半生跻身宦海，刚正不阿，与梅花不畏寒霜、傲雪独放的品格非常相似。王逵带领家人广植梅树，年年扩种，使梅里两岸梅树成林，世传有百亩之多。后来便称此地为"梅溪"。王逵定居梅里后，

王逵植梅图

以经商为业，开店经营各种土特产，价格公道，童叟无欺。王逵逝世后，当地百姓为了纪念他，就把梅里称之为王店镇。

近年来，王店镇在建林、南梅等村搞试点，鼓励家家户户种植梅花。现在南梅村已建造了占地40多亩的梅园、百米文化长廊以及"王逵植梅"碑刻等。每年春天，人们都在这里举行梅花节，学习梅精神，弘扬梅文化，进一步丰富了自己的精神生活。

王店镇街景梅花

王圻梅花源植梅。王圻（1530—1615），字元翰，号洪州，明嘉定江桥（今属上海）人，嘉靖四十四年（1565）进士，曾任江西清江、万安知县，官至陕西布政参议，文献学家、藏书家。明万历二十三年（1595），王圻致仕归故里后，在上海吴淞江附近安家，引江水环绕于屋外，沿岸辟地植梅万余株，

王圻赏梅"四贵"
（王圻、王思义《三才图会》）

称为"梅花源"。每年花开季节,香雪似海,各地游客都驾舟来此赏梅。王圻还在这里架桥、垒山,题名"小邓尉"。此后,他便整日以梅为伴,悉心著书立说。正是因为他爱梅、植梅、咏梅,所以才能够在《三才图会》中提出新的梅花审美理论,即"梅具四贵,贵稀不贵繁,贵老不贵嫩,贵瘦不贵肥,贵含不贵开"。"四贵"理论的提出对明清梅花画的创作具有重要的意义。

荣德生无锡梅园植梅。梅园植梅,保存最好的当属荣德生先生在无锡建造的梅花专类园。1912年,荣德生在无锡西郊购得清初进

无锡梅园

士徐殿一的小桃园故址,此为梅园起点。后来,荣德生请朱梅春设计和施工、贾茂青督造,建园工程正式启动。1913年,荣德生又购得部分山粮田,从苏州买来梅苗,植梅1300株,以后陆续增至3000多株。在旧时代,达官贵人的私家园林,老百姓根本不能进去。而荣德生建造的梅园,从建造到管理所产生的一切费用,都由荣宗敬、荣德生兄弟私人承担,却向全社会免费开放。梅园自1912年创建到

1955年"献赠政府"成为公园,期间整整43年,荣氏兄弟没有收过游园者一分钱门票,他们诚心诚意地笑迎天下游客,不分男女老少,贫富贵贱,任凭观赏。

早在20世纪30年代,无锡梅园就与苏州邓尉、杭州超山并称为江南三大赏梅胜地。新中国成立后,无锡市人民政府即拨款着力帮助整修,使园容日新,尤其是进入21世纪以来,在无锡市人民政府的大力支持下,市园林管理部门不断推出重大举措,优化梅园的大环境。迄今为止,梅园总面积已达670余亩,梅树4000余株,盆梅2000余盆。2006年被国务院公布为全国重点文物保护单位、国家AAAA级旅游景区。

第十三届中国梅花蜡梅展览会在无锡梅园开幕

2. 别墅植梅

别墅植梅有两种情况:一种是建造梅花别墅,别墅内以栽植梅花为主,且以梅命名,如明代许自昌的梅花墅,明末清初吴伟业的梅村,清代章黼的梅竹山庄等;另一种是别墅内设专区植梅,如南宋张镃的桂隐斋,明代王锡爵的南园,清代袁枚的随园等。下面分别述之。

· 历代名人与梅 ·

（1）梅花别墅植梅。

许自昌与梅花墅。许自昌（1578—1623），字玄佑，号霖寰，又号去缘居士、梅花墅主人等，长洲甫里（今江苏甪直）人，明代戏曲学家、文学家。许自昌26岁时中举人，后连续四次赴京会试都名落孙山。许自昌30岁时，父亲（吴中巨富）出钱为其捐官，授文华殿中书舍人（起草诏令之职），为官不久即以养亲为名告归故里，购得镇上破败私家园林一处，加以扩建，建造别墅，以娱双亲。因墅内遍植梅花，故名为梅花墅。梅花墅原址在今江苏苏州吴中区甪

江苏苏州吴中区甪直镇东市
下塘街红木桥

江苏苏州吴中区甪直镇东市
下塘街鸡鹅桥

江苏苏州吴中区甪直镇东市下塘街红木桥与鸡鹅桥之间的民居

第一章 择地植梅

直镇东市下塘街红木桥至鸡鹅桥一带，"墅本以梅花名，冬时花开，弥望皆是，不逊香雪海也。暗香疏影，浮动月华中，别开静境"（王韬《漫游随录·古墅探梅》），被誉为仅次于杭州西湖、苏州虎丘的"江南第三名胜"。1849年大水，墅内梅花尽被淹死，后梅花墅也几易其主，逐渐消失。现址为居民区。

吴伟业与梅村别墅。吴伟业（1609—1672），字骏公，号梅村，太仓（今江苏太仓）人。明崇祯四年（1631）进士，诗人、词人、戏剧家。清顺治初年，吴伟业从礼部员外郎王士骐那里购得一处别墅，请当时著名的园林建筑师张南垣设计建造。梅村别墅占地百亩，植梅千株，构思巧妙，清雅秀丽，园中胜景有乐志堂、梅花庵、交芦庵、娇雪楼等。从开始兴建到完工，吴伟业用了近18年的时间。吴伟业一生酷爱梅花，正像他在诗中说的那样：

吴伟业像

  种梅三十年，绕屋已千树。

  饥摘花蕊餐，倦抱花影睡。

  枯坐无一言，自谓得花意。（《盐官僧香海问诗于梅村，村梅大发，以诗谢之》）

梅花已经成为吴伟业生命中不可或缺的部分。

章黼与梅竹山庄。章黼（约1777—1857），字次白，钱塘（今杭州）人。为人性高洁，好读书，喜字画。1803年，章黼在杭州西溪之阴、泊庵南面丘家门附近建造了自己的别墅——梅竹山庄。梅竹山庄几

章黼梅竹山庄

经风雨,现在的梅竹山庄是2005年恢复重建的,主要有梅竹吾庐、萱晖堂、虚阁、浮亭等景点,其周围增补梅花数百株,并植修篁莳花,境幽雅胜,是西溪湿地公园的重要景点之一。

章黼梅竹山庄——梅竹吾庐

第一章 择地植梅

章黼梅竹山庄——浮亭
（章黼赏景览胜、把酒吟诗之处）

章黼梅竹山庄——虚阁
（章黼读书之处）

（2）墅内设专区植梅。

韩世忠梅冈园植梅。韩世忠（1089—1151），字良臣，南宋名将，曾在杭州保俶山下建造别墅——梅冈园。该园占地130余亩，内有水阁、梅坡、乐静堂、清风轩等，梅竹辉映，清雅别致。梅冈园旧景早已不复存在，现为某居民小区的休闲场所。

韩世忠像

张镃桂隐斋植梅。张镃（1153—1221？），字功甫，号约斋，西秦（今陕西）人，徙居临安（今杭州）。张镃是南宋名将张浚的后代，临安富豪，能诗善词，又擅画竹石古木，常与杨万里、陆游、姜夔等文人交游。孝宗淳熙十二年（1185），张镃在杭州南湖之滨购买了曹氏已经荒芜了的园圃，建造了一处别墅——桂隐斋。这里原有数十株古梅没人管理，张镃便开地10亩，将这些古梅移种成列，并从其北山的别圃中移来300多株梅花，又筑堂数间作为赏梅之用。花开时，"居宿其中，环洁辉映，夜如对月，因名曰玉照"（张镃《玉照堂梅品》"序")。张镃又在花间开渠,小舟往来其中,其景甚美。正像《玉照堂梅品》"序"中所描绘的那样:"一棹径穿花十里,满城无此好风光。"

"梅花为天下神奇,而诗人尤所酷好。"(张镃《玉照堂梅品》"序")因为爱梅,张镃还将自己的梅花栽种心得写成《约斋种花法》,并根据品梅的经验写出了风雅诙谐的《玉照堂梅品》,从美学和哲学的思想高度阐述了人们在赏梅活动中的若干标准,因而成为研究中国古代梅文化的宝贵典籍。

王锡爵南园植梅。王锡爵(1534—1614),字元驭,号荆石,江苏太仓人。明嘉靖四十一年(1562)会试第一,廷试第二,授翰林院编修,万历十二年(1584)拜礼部尚书兼文渊阁大学士,入职内阁。明万历年间,王锡爵在家乡太仓建南园。南园是王锡爵处理政务、赏梅种菊之处,故园内遍植梅花,原址占地18亩,主要有绣雪堂、潭影轩、秀涛阁、鹤梅仙馆等,后毁于战火。1998年后,太仓市政府按原照片、原图纸进行设计规划,逐步予以恢复。现在的南园,小桥流水,碧波荡漾,亭台楼阁,参差高下,春兰秋菊,夏

王锡爵南园

荷冬梅，构成了一幅典雅自然、平岗缓坡的精巧山水画。

王锡爵南园内古梅

马曰琯、马曰璐街南书屋植梅。马曰琯（1687—1755）、马曰璐（1701—1761）兄弟是清代扬州有名的盐商，二人对文学、园林艺术颇有研究。街南书屋是马氏兄弟的别墅，位于扬州东关街南、薛家巷西侧，约建于清雍正七年（1729）。因为喜梅，兄弟二人在别墅内建有"梅寮"（街南书屋十二景之一），植梅养鹤。遗憾的是，此地卑湿，易生虫害，梅株总是遭到白蚁的摧残。从山馆建成以后的近十年之中，反复栽种了多次梅树，还是难除蚁害。乾隆八年（1743），有客人从南京来，说南京城外的凤台门外，满山都是梅花，且姿态奇异，可连土带根一并移来。马曰琯闻说后，立即派人乘船到南京移植梅花。数日后，移来 13 株梅花。马曰琯携诗友亲自到码头迎接，并作诗为记："红船远载长干里，晕点青铜失研美。十三株比雁柱行，直截云帆渡江水"（尹文《梅花二友——汪士慎高翔传》）。梅花植好后，主人邀高翔、汪士慎、厉鹗等吟社诗友同集山馆，诗酒唱和。

梅寮前梅花

袁枚随园植梅。袁枚（1716—1798），字子才，号简斋，世称随园先生，钱塘（今杭州）人。清代诗人、散文家，性灵派领袖。乾隆四年（1739）进士，入翰林院。乾隆十七年（1752）改发江南，历任溧水、江浦、沭阳、江宁等地知县。在江宁（今南京）任上，袁枚购置了隋氏故园"隋园"，加以修缮，改名"随园"。袁枚33岁时父亲亡故，他辞官养母。从此以后，袁枚退出仕途，吟诗作文，结交士子权贵，长达半个世纪之久。当时，随园一片荒芜，必须修缮才能居住。栽种梅花是袁枚修缮随园的重要内容之一。据袁枚之孙袁起《随园图说》记载：当时袁枚在小仓山西山诗城下种梅百余株，山巅筑亭，曰"小香雪海"。袁枚为"小香雪海"投入了很大财力，也付出了很多精力。"为买梅花手自栽，朝衫典尽向苍苔"（王英志《袁枚诗选·买梅》），"十丈春山带雪量，一枝短衬一枝长。

· 第一章 择地植梅 ·

安排要得横斜致,闲与园丁话夕阳"(袁枚《种梅》)。从这些诗句中不难看出,梅花点缀着袁枚的隐士生活,映衬着袁枚的脱俗品格,也激发着袁枚的创作灵感。

毕沅灵岩山馆植梅。毕沅(1730—1797),字秋帆,号灵岩山人,乾隆二十五年(1760)状元及第,著名学者、诗人,在政治、军事、文学等方面均卓有成就。历任翰林院修撰、陕西按察使、布政使,河南、山东巡抚,湖广总督等。毕沅一生爱梅。学生时代,他的第一首梅花诗就被恩师沈德潜大为赞赏。为官后,无论在自己的住处还是任所,毕沅都要植栽几棵梅树。乾隆四十八年、四十九年间,毕沅在苏州城西、灵岩山麓即当年自己苦读之地购买了50亩地,依山建造了一座规模宏大、景致优美的别业——灵岩山馆。山馆耗银10万余两,

毕沅灵岩山馆

5年建成。在建馆之初,毕沅特地吩咐家人,在馆中植梅千株,并专辟"问梅精舍"(灵岩山馆的主体建筑)。问梅精舍正中有匾,曰"经训克家",是当年乾隆帝为嘉表毕母张藻育儿有功所题。灵岩山馆

在嘉庆年间归虞山蒋氏所有，咸丰年间毁于战火。现在的灵岩山馆位于灵岩山景区东北一隅，是后来根据史料所载园居格局恢复的。

毕沅灵岩山馆——问梅精舍"经训克家"匾额

三、风景名胜

历代名人于风景名胜中植梅的情况，主要集中在山林、寺院、观、庵等地。

1. 山林植梅

（1）林逋等孤山植梅。

孤山，位于杭州西湖西北角，四面环水，一山独立。孤山既是风景胜地，又是文物荟萃之处，其东北麓有放鹤亭、林逋墓，周围遍植梅花，为西湖赏梅胜地。这里曾被誉为"梅林归鹤"，系清代西湖十八景之一。孤山梅花始盛于中唐，有梅株遗传至宋初。但真正让孤山名扬天下的，则是林逋在此养梅蓄鹤的高雅之举。

林逋（968—1028），字君复，钱塘（今杭州）人，禀性恬淡好古，不喜繁华，早年曾负笈远游。不惑之年，品味各地山水之后，林逋回乡结庐于西湖孤山,每日以种梅养鹤、酌酒吟诗为乐。据王复礼《孤山志》记载,林逋种梅,不多也不少,恰恰是360株。梅子成熟后,林逋将每株梅树上梅子所卖的钱分别包起来存入瓦罐中,每天只取一包,作为生活之资。林逋的闲情逸举使孤山成了梅花的符号和爱梅之士的必往之地,梅花从此也有了高士的形象。

孤山放鹤亭楹联(左)

孤山放鹤亭楹联(右)

自从林逋孤山植梅后,历代爱梅之士不断到此地补梅,一直延续至今。

下面将历代爱梅之士于孤山补梅情况择要述之。

孤山补梅,较早数元代余谦。余谦(生卒年不详),字峻山,池阳(今安徽贵池)人,官至江浙儒学提举,是一位正直谨重、颇具才学、爱好古雅的士大夫。元惠宗至元五年(1339),余谦出资修葺林逋墓,栽植梅花数百株(元初孤山梅株已被毁),并建梅亭以为纪念。此举奠定了后世孤山纪念性植梅的基本格局。

明末,著名徽商汪汝谦又到孤山补梅纪念。汪汝谦(1577—

1655），字然明，安徽歙县人，为人量博智渊，以风雅闻名。因仰慕此地，在卜居西湖期间，他又修葺西湖湖心亭，重建放鹤亭，并要求同流在孤山各补梅一株，汪汝谦有诗数首记其事，其中一首云："几年不向西泠道，今到孤山手种梅。绕遍美人埋玉处，声声环佩月中来。"（政协杭州市西湖区委员会编《西湖寻梅》）颇具风雅。

著名小品文作家张鼐为万历三十二年（1604）进士，官至南京礼部右侍郎。万历年间，张鼐在孤山补梅，并写有《孤山种梅序》一文记其事：

孤山梅鹤

夫人标物异，物借人灵。古往而今自来，风光无尽；景迁而人不改，兴会常新……维昔孤山逸老，曾于瀛屿栽梅。偃伏千枝，淡荡寒岚之月；崚嶒数树，留连野水之烟。自鹤去而人不还，乃山空而种亦少，庾岭之春久寂，罗浮之梦不来……是以同社诸君子，点缀冰花，补苴玉树，种不移于海外，胜已集乎山中。

万历四十四年（1616），张鼐将上述序文交给周宗建（万历四十一年进士，曾任福建道御史，巡按湖广）审阅，周宗建非常喜欢。是年冬，周宗建移居武林（杭州旧称），在孤山补梅300余株，并写《补种孤山梅花序跋》以记其事："丙辰之秋，侗翁张师贻余《孤山种梅序》，受而读之，冷艳欲绝，一往无尽。冬初，量移武林，为吊和靖先生墓。孤亭断碣,零落荒莽,怅然久之。因续张师之志,为辟余地,补种梅花三百余株,并戒道士设藩守焉。"

至明末清初,著名文学家、散文家张岱也加入了补梅人的行列。他在《补孤山种梅叙》中云:

> 盖闻地有高人,品格与山川并重;亭遗古迹,梅花与姓氏俱香。名流虽以代迁,胜事自须人补。在昔西泠逸老,高洁韵同秋水,孤清操比寒梅。疏影横斜,远映西湖清浅;暗香浮动,长陪夜月黄昏。今乃人去山空,依然水流花放。瑶葩洒雪,乱飘冢上苔痕;玉树迷烟,恍堕林间鹤羽。兹来韵友,欲步前贤,补种千梅,重修孤屿。凌寒三友,早连九里松篁;破腊一枝,远谢六桥桃柳……

孤山梅花

风雅之举,令人艳羡。

嘉庆二十五年(1820)五月,著名爱国政治家、思想家林则徐到杭州任杭嘉湖道,负责杭州、嘉兴、湖州三府的行政事宜。任职期间,除注重选拔人才、改革书院管理制度、治理河塘之外,林则徐还做了一件很重要的工作,就是修葺林逋祠、墓,补种梅树,撰写诗联等。当时,林则徐见孤山的林逋祠、林逋墓破败凋敝,便自费发起重修林逋祠、林逋墓的活动,在墓周围"补种梅树三百六十株,并购二

历代名人与梅

鹤豢养于墓前"（施鸿保《闽杂记》卷四）。在修葺林逋祠和梅亭时，林则徐分别题柱联云，"我忆家风负梅鹤，天教处士领湖山""世无遗草真能隐，山有名花转不孤"。

林启是光绪二年（1876）进士，曾任杭州知府。当时，孤山梅树已减少了许多。为了表达对林逋的敬意，恢复林逋隐居时的环境，林启在孤山补种梅树百余株，梅香萦绕，永伴林逋。

（2）周庆云等灵峰植梅。

灵峰，即灵峰山，又名鹫峰，位于杭州西湖西北角植物园内。五代吴越国王钱弘佐时在此建有鹫峰禅寺，拥有山林千亩；北宋时改名灵峰寺，因苏东坡的喜爱和题咏而出名；现为杭州三大赏梅胜地（灵峰、孤山、西溪）之一。

清代道光二十三年（1843），有一位在杭州任职的官员，名固庆，号莲溪，骑马看山，游览西湖景色，他特别喜欢灵峰的幽雅，便拨款修缮寺院，并在灵峰寺周围环植梅花数百株。道光二十五年

灵峰探梅景区掬月亭内
《重修西湖北山灵峰寺碑记》石碑

灵峰探梅景区——来鹤亭

（1845），固庆亲自撰文，详细叙述灵峰寺院兴衰史，并托人刻成石碑，即《重修西湖北山灵峰寺碑记》，存于寺中（立于掬月亭）。

灵峰探梅景区——掬月亭（亭左为灵峰寺遗址）

咸丰年间，由于战争，灵峰的寺院、梅花被毁。宣统元年（1909），南浔（今浙江湖州）巨商周庆云游览灵峰，目及所处，荒烟蔓草，古寺久湮，深感惋惜，决心依山补梅。于是出巨资费时两年，在寺院周围一直到半山来鹤亭处，补梅三百株，在"山寺之西偏，起小屋三楹，额曰补梅庵"（沈中《灵峰补梅记》）。补梅庵

灵峰探梅景区梅花
［图中为本书作者与景区胡中先生（右）］

历代名人与梅

建成后,周庆云选择苏东坡生日(十二月十九日)这天,邀请当时知名文人会宴补梅庵,吟歌颂诗,欢庆一番。事后,周庆云把灵峰的资料汇编成《灵峰志》,并石刻一幅《灵峰探梅图》流传后世。

(3)欧阳修琅琊山植梅。

琅琊山是皖东第一名胜,为国家重点风景名胜区,其四大景区(琅琊山、城西湖、姑山湖,胡古)之一的琅琊山醉翁亭西侧有古梅一株,传乃欧阳修亲手所植。

琅琊山醉翁亭

北宋庆历五年(1045),欧阳修被贬为滁州太守。他在滁州两年多的时间里,除了给滁州留下许多亭台楼宇、一些不朽诗文如《醉翁亭记》《丰乐亭记》之外,还在醉翁亭西侧亲手植梅一株(原梅早已枯萎,现梅为后人所植,树龄约百年左右)。据万历十三年(1585)太仆卿萧崇业《游醉翁亭记》记载:"楼西有碑亭,匾'醉翁手植'四字。亭前老梅槎牙雍肿,一支中枵而未垂,偃卧沿下,如飞龙饮河之状。……生意犹存。"2000年夏天,笔者到此地考察时,后补植之梅刚劲挺拔,风华正茂,离地尺许分丫,侧枝四面斜出,小枝疏密有致,树冠覆盖半个庭院,蔚为壮观。据介绍,近几年梅树正遭受病痛的折磨,四分之一的主干几乎枯萎,实在令人惋惜。笔者但愿在琅琊山景区管理人员的精心"医治"下,梅树能早日焕发生机,以老而弥坚的风姿笑迎慕名而来的各地游客。

（4）查莘邓尉山植梅。

邓尉山，位于苏州城西南约 30 公里处，相传东汉太尉邓禹曾隐居于此，故名。这里群峰连绵，重山叠翠，山前山后，遍植梅树。

苏州邓尉"香雪海"

开花时节，繁花似锦，暗香浮动，微风吹过，香飘数里，为江南三大赏梅胜地（杭州超山、苏州邓尉、无锡梅园）之一。

据文献记载，这里早在西汉时期百姓就开始种梅。南宋淳祐年间（1241—1252），高士查莘曾在此大面积植梅，此后村民逐渐以种梅为业，家家相授，代代相传，形成了这种蔚然如海的壮观景色。

自明朝以来，历代文人墨客、政要才俊如高启、文徵明、袁宏道、王世贞、吴伟业、宋荦等纷纷到邓尉探梅，写下了一首首咏梅的优秀作品。清康

乾隆帝邓尉探梅题诗碑刻

熙帝六次南巡，其中三次到邓尉探梅；乾隆帝六次南巡，六次俱到邓尉探梅，还写下了十几首咏梅诗。其中，乾隆帝第三次到邓尉探梅时所题碑刻，现立于邓尉香雪海梅花亭右侧。

（5）徐应震小香山植梅。

小香山，位于江苏张家港南沙镇境内，传说因春秋时吴王夫差遣美人上山采香而得名。小香山自然风光秀丽，人文资源丰富，素

江苏张家港南沙镇香山远眺

有"江南名山"之美誉。宋时，小香山竹林深处曾建有梅花堂，后遭到战火破坏。明朝末年，痴爱山水的徐应震（徐霞客族兄）在小香山重建梅花堂，并在山上广种梅竹。徐霞客曾写下《题小香山梅花堂》诗五首及一篇长序，自题梅花堂对联一副："春随香草千年艳，人与梅花一样清。"

梅花堂匾额（苏轼手迹）

原来的梅花堂等建筑均已湮没,新的梅花堂为五间仿古建筑,正堂题额皆东坡手笔,堂内展有苏东坡和徐霞客的书画诗文等。

2. 寺院、观、庵植梅

寺院、观、庵植梅,是中国古梅得以保存至今的重要途径之一。据不完全统计,目前中国 100 多株百年以上的古梅中,就有 20 多株是在这些地方保留下来的。

(1)章安大师植梅国清寺。

国清寺,在浙江天台境内,始建于隋开皇十八年(598),初名天台寺,后取"寺若成,国即清"之意,改名国清寺。国清寺总面积为 70000 余平方米,房屋 8000 余间,自然景观与人文景观均颇具特色。

在国清寺大雄宝殿东侧,有一株古老的梅树。据梅树旁碑记载,此老梅植于隋代,相传为章安大师(中国佛教天台宗第五祖)亲手所栽。原树于清

国清寺

代枯亡,后又从根部萌发分枝,即现在古梅。这株古梅经专家鉴定,树龄 210 余年,树干胸部直径为 40 厘米,树高 7.7 米,树冠 10.5 米,品种为江梅,开白色花。此梅左侧枝已腐,右侧取代主干成树冠,虽经 200 多年的风雨,仍苍劲挺秀,生机盎然。

(2)释仲仁植梅花光寺。

仲仁(生卒年不详),字超然,越州会稽(今浙江绍兴)人,

· 历代名人与梅 ·

北宋元祐年间（1086—1094）来到衡州（今湖南衡阳），寄居花光山花光寺（一说华光山华光寺），世称"花光长老"，中国墨梅鼻祖。仲仁酷爱梅花之高洁，便在寺周遍植梅花，每逢花盛时节，便移床梅花之下，吟咏终日。仲仁后创墨梅画法，名播于世。

（3）冯梦祯植梅永兴寺。

"永兴寺遗址"石碑

在杭州西溪留下镇西南的安乐山下，曾经有一座千年古寺——永兴寺。该寺于唐贞观年间（627—649）由高僧悟明开山始建，宋代铁牛禅师重修。永兴寺历经千年，屡经兴废，于1958年圮毁。原址现在西湖高级中学内。

在明朝万历年间（1573—1620），曾任南京国子监祭酒的冯梦祯（字开之，号具区，万历五年进士，著名文学家、佛教居士）多次游览西溪，被西溪的风光所吸引，便在安乐山永兴寺旁建一别业——西溪草堂，正房为"快雪堂"（因其藏有王羲之《快雪时晴帖》，故名）。由于永兴寺已废圮多年，所以冯梦祯出资重建永兴寺，并亲手在禅堂前种下两株绿萼梅，一为"绿雪"，一为"晴雪"，故禅堂也因此被称为"二雪堂"。梅花开时，绿雪交柯，满庭芬芳，备受文人喜爱。如明代洪瞻祖有诗赞曰：

二十四番风始催，霜花对酒伴云堆。

绿珠弟子堪吹笛，放却春心度岭回。（《永兴寺观绿萼梅》）

冯梦祯学生李日华曾有诗云：

• 第一章 择地植梅 •

琳宫双琼树,手植华阳仙。

谭唾缀珠点,文情浮玉烟。

光白定僧起,梦香高士眠。

孤山根脉在,相为保芳妍。 (《永兴寺双梅为先师冯具区手植》)

康熙年间,两株绿梅相继枯亡。

西溪草堂"正房"——快雪堂

冯梦祯"书房"——真实斋

· 历代名人与梅 ·

为纪念冯梦祯的贡献,西溪国家湿地公园已将其别业西溪草堂移建于公园东南面,与梅竹山庄、西溪梅墅、西溪水阁等景点共同构成西溪梅竹休闲区。不久的将来,湿地公园将在园中修复永兴寺、二雪堂、绿萼梅等,进一步展示昔日的辉煌和丰富的文化内涵。

西溪梅竹休闲区梅花

(4)陆修静植梅古梅花观。

古梅花观,又名纯阳宫,坐落于浙江湖州城南金盖山桐凤(云巢)坞,为全真教龙门派在江南的活动中心。

南朝刘宋元嘉初年,著名道士陆修静喜爱金盖山之灵气而到此隐居,其修道所居曰"梅华馆",即后来的古梅花观。陆修静在山中植梅300株,匾曰"梅花岛",榜联云:"几根瘦骨撑天地,一点寒香透古今。"道观中有古梅一株,传为陆修静亲手所栽,故有"古梅福地"之称。梅花开时,到此赏梅者络绎不绝。据传,民国初年,上海有一位富家小姐来此赏梅,见道观石碑上刻有"凡女子不得借宿"禁令，便专门在道观东侧修建了一座小楼，以便在此赏梅。当时的观梅盛景可见一斑。

原来的梅花观及古梅因兵燹早已被毁，现在的古梅花观大部分为同治、光绪年间及民国初年重建，共有建筑物137间。道观中现存古梅为后人补植，树龄约120年。

浙江湖州古梅花观
（"古梅福地"匾额为清郑亲王书）

浙江湖州古梅花观古梅
（树龄约120年）

（5）六祖慧能肇庆梅庵植梅。

慧能（638—713），俗姓卢，祖籍河北燕山（今河北涿州），出生在广东新兴，是中国禅宗第六代祖师。

唐代先天二年（713），76岁的六祖慧能叶落归根，从韶关南华寺（一说宝林寺）返回故乡新兴，途中在肇庆江边的一个小山岗留宿。山岗上有一小庵，占地不大，只有几间低矮的青砖瓦房。慧能看到这里背靠北岭，前临西江，风景绝佳，感慨不已，于是亲自动手，在庵堂四周种植梅花。从此，每到冬季，这里的梅花凌寒怒放，

· 历代名人与梅 ·

甚为壮观。北宋至道二年（996），智远法师来到肇庆，为纪念六祖慧能曾在城西小山岗种植梅树，遂将小庵扩建为"梅庵"。

现在的梅庵占地5000余平方米，建筑面积达1400平方米，周围绕以红墙，庭院前后遍种梅花，环境清雅幽静，充满禅意，享有"千年古庵，国之瑰宝"之美誉，国务院于1996年将其公布为全国重点文物保护单位。

梅庵

第二章 诗词咏梅

咏梅的诗词是中国文学史上的一朵奇葩。历代咏梅者人才济济，名家辈出，咏梅诗词更是林林总总，异彩纷呈。据不完全统计，自南北朝以来，以梅花入诗者不下万首。这些咏梅篇章，有的颂其傲霜斗雪、凌寒怒放的斗争精神，有的赞其大气凛然、不易其节的峻傲风骨，有的咏其标格不凡、超尘脱俗的风姿神韵，有的吟其清贫自守、不趋荣利的高尚品德……构成了中国文学史上一个独特的景观。

宋徽宗《梅花绣眼图》

戴进《踏雪寻梅图》

这些咏梅诗篇大致可以分为两类：一类是以物咏物，重在表现梅花的客观形态；另一类是托物言志，借梅抒情，重在表现梅花的人文意蕴。应该说，后一类咏梅诗词作品佳作较多，思想艺术价值也较高。因此，本章拟重点对此类作品作一集中阐述。

一、咏梅格

1. 凌霜斗雪　百折不挠

梅花，凌岁寒，傲冰雪，冰中孕蕾，雪中开花。她象征着中华民族坚韧、顽强、英勇不屈、百折不挠的精神，为历代文人雅士所传颂。

较早用诗歌赞美梅花这一特质者，有南北朝时期的鲍照和阴铿等。南朝宋诗人鲍照《梅花落》采取对比的手法，突出描写梅花"霜中能作花，露中能作实"的坚贞品格，也表明诗人自己不愿顺随俗流的操守和坚韧不拔的志趣。

南朝陈诗人阴铿《雪里梅花》：

春近寒虽转，梅舒雪尚飘。

从风还共落，照日不俱销。

叶开随足影，花多助重条。

今来渐异昨，向晚盼胜朝。

这是描写梅花冒雪怒放的情景。春近还寒，梅雪争春。梅与雪"从风还共落"，但"照日不俱销"。在阳光的照耀下，雪融化了，但梅花英姿勃发，凌寒怒放，显示了梅花不畏严寒、不以时移的性格。

南朝陈诗人谢燮《早梅》：

　　迎春故早发，独自不疑寒。

　　畏落众花后，无人别意看。

诗中紧扣一个"早"字，用表现人的心理状态的"疑"与"畏"使之人格化，从而惟妙惟肖地反映了梅花傲霜斗雪的高尚品格。

唐代诗人罗邺的《早梅》在歌颂梅花这一特性时，则是另一种风味：

　　缀雪枝条似有情，凌寒澹注笑妆成。

　　冻香飘处宜春早，素艳开时混月明。

　　迁客岭头悲袅袅，美人帘下妒盈盈。

　　满园桃李虽堪赏，要且东风晚始生。

梅花虽然盛开于雪中，冷香飘荡于严冬，但仍是"似有情"、"笑妆成"，不改其品格。诗歌后面则通过对桃李的描写、反衬，进一步突出了梅花的精神风貌。

马麟《红梅孔雀图》

晚唐诗人齐己也写过一首《早梅》，诗中咏道：

　　万木冻欲折，孤根暖独回。

　　前村深雪里，昨夜一枝开。

诗人极力渲染梅花所处的恶劣天气，以此映衬梅花的耐寒与坚韧。天寒地冻，万木萧条之时，"孤根"已在大地深处感受到些微的暖意而凌寒复苏，突出表现了梅花傲然独立的争先精神。

晚唐诗人韩偓在《梅花》中歌咏：

　　梅花不肯傍春光，自向深冬著艳阳。

　　龙笛远吹胡地月，燕钗初试汉宫妆。

　　风虽强暴翻添思，雪欲侵凌更助香。

　　应笑暂时桃李树，盗天和气作年芳。

诗歌极力赞美梅花的傲雪精神，尾联也像罗邺的《早梅》一样，用桃李作为反衬，进一步增强了颂梅的力度。

宋人爱梅比唐人更甚，宋人咏梅的诗词无论数量还是质量都超过了唐人。

宋代政治家、文学家王安石爱梅，也很懂得赏梅，如他的《梅花》诗：

　　墙角数枝梅，

　　凌寒独自开。

　　遥知不是雪，

　　为有暗香来。

墙角处几枝洁白的梅花冒着严寒独自傲然盛开，远远看

马远《雪屐观梅图》

去就知道不是雪,因为有一阵阵幽香扑鼻而来。诗人寥寥数语,就把梅花洁白的色泽、清幽的香气和不畏严寒的高洁品性充分表现了出来。

爱国诗人陆游一生爱梅、咏梅。据不完全统计,陆游咏梅诗词多达400余首,其中有许多赞美梅花斗争精神的精美诗篇。比如《梅花绝句》:

幽谷那堪更北枝,

年年自分著花迟。

高标逸韵君知否?

正在层冰积雪时。

此诗为绍熙二年(1191)冬陆游在山阴(今绍兴)所作。诗中描写梅花的生存环境非常恶劣,"幽谷""北枝",因此年年开得最迟。然而正

佚名《梅竹聚禽图》

是在这"层冰积雪"的包围之中,才更显出梅花与恶劣环境艰苦、顽强的搏斗。

又如《落梅二首》之一:

醉折残梅一两枝,不妨桃李自逢时。

向来冰雪凝严地,力斡春回竟是谁?

严寒之时,百卉凋零,只有梅花不畏冰雪。除了梅花,还有谁能把春天扭转回来?

又如《梅花》云:

冰崖雪谷木未芽，造物破荒开此花。

神全形枯近有道，意庄色正知无邪。

同样也是赞美梅花不畏严寒、独傲冰雪的顽强精神。

诗人陈亮有一首《梅花》：

疏枝横玉瘦，小萼点珠光。

一朵忽先变，百花皆后香。

欲传春消息，不怕雪埋藏。

玉笛休三弄，东君正主张。

进一步歌颂了梅花的崇高精神境界和不怕困难的斗争精神。陈亮是南宋著名的爱国诗人，也是豪放词派的代表人物。他的这首咏梅诗自然典丽，明白如话，字里行间透露出诗人奋发向上、积极进取的精神风貌。

南宋词人萧泰来《霜天晓角》：

千霜万雪，受尽寒磨折。

赖是生来瘦硬，浑不怕、角吹彻。　清绝，影也别，知心唯有月。原没春风情性，如何共、海棠说？

梅花虽受尽千霜万雪的折磨，仍不改其"生来瘦硬"、不同凡卉争艳斗芳的孤高品格。

另外，像"霜风棱棱万木枯，梅花破萼犹含须"（秦观《马上口占》）、"故作小红桃杏色，尚余孤瘦雪霜姿"（苏轼《红梅》）、"岁

陈洪绶《高贤读书图》

寒未许东风管，淡抹浓妆得自由"（麻九畴《红梅》）等诗句，都生动而形象地描写了梅花傲视冰雪、独领春先的品性特征。

明代诗人李东阳有一首《红梅为力斋题》，别出新意：

> 谁道南枝胜北枝，
> 北枝偏耐雪霜欺。
> 雪霜消尽春风改，
> 只有丹心似旧时。

以往人们咏梅，只是关注南枝，对北枝往往有所忽视。其实，北枝更为可敬，因为它更需要斗霜傲雪的勇气。

明末画家沈襄擅画墨梅，枯润咸有天趣，他有一首题梅诗：

> 暗香随笔落，
> 春色逐人来。
> 一片冰霜意，
> 无花敢共开。

陈录《玉兔争清图》

只三两笔，便使梅花的精神跃然纸上。

再如"疏枝屈曲似龙蟠，历尽冰霜耐岁寒"（周履靖《和蟠梅》），"独羡孤梅情耐冷，偏于岁晚发清香"（周履靖《和寒梅》）。周履靖是明代一位酷爱梅花的名士，他在自己的房前屋后种了数百株梅花，花开时，不离左右，有时甚至跨上牛背，漫山遍野探访梅花。周履靖的这些咏梅诗句同样赞美了梅花凌岁寒、傲冰雪的孤高伟特。

近代诗人宁调元《早梅叠韵》云:

> 姹紫嫣红耻效颦,独从末路见精神。
> 溪山深处苍崖下,数点开来不借春。

该诗是诗人少年时期的作品,通过对梅花的描写,表现了诗人不与世俗同流合污的精神追求。她扎根在溪山深处,开放在隆冬时节,表现出顽强的生命力。

把梅花这一精神提高到一个新高度的,当属毛泽东的《卜算子·咏梅》:

> 风雨送春归,飞雪迎春到。已是悬崖百丈冰,犹有花枝俏。
> 俏也不争春,只把春来报。待到山花烂漫时,她在丛中笑。

该词作于1961年12月,当时毛泽东在广州为即将召开的中共中央政治局扩大会议做准备,闲暇时读了陆游的《卜算子·咏梅》,深有感触;又联想到国内正处在经济困难时期,各国反动势力趁此大做文章,反对中国,苏联领导人在革命原则问题上与中国共产党发生了严重分歧,对中国施加压力,等等。面对这种情境,毛泽东感慨万千,挥笔写下了这首咏梅词。词中的梅花坚强、高洁、伟大、谦虚,寓示了无产阶级革命家笑对恶劣环境的英雄气概和知春报春不争春的博大胸怀,具有强烈的精神感召力。

其他如"扫尽凡花是北风,孤芳原不与凡同。任他众鸟欣相托,自放寒花向雪中"(丘逢甲《题墨梅》)、"冰霜雪压心犹壮,战胜寒冬骨更坚"(何香凝《题画梅花》)、"一生不解群芳竞,雪地冰天我独开"(张大千《红梅怒放图》题诗)、"隆冬到来时,百花迹已绝。红梅不屈服,树树立风雪"(陈毅《红梅》)、"料峭风寒花独开,孤芳心事费疑猜"(陶铸《咏梅》)、"石破天惊首相奇,冰雪历尽挺雄姿"(邓拓《题梅》)等,均赞扬了梅花傲霜斗雪的精神。

2. 正气凛然　风骨峻傲

有一出京剧《我是中国人》，歌词云：

我是中国人，梅花品德日月魂。千红万紫随风去，唯有玉壶照冰心。

我是中国人，浩然正气满乾坤。自信生来有傲骨，不在人前矮三分。

梅花，无论是雪压霜欺，还是桃妒李嫉，都谈笑自若，处之泰然，铁骨铮铮，傲然不屈。因此，历代文人高士喜欢以梅自况，借梅抒情，对梅花的高尚品德给予高度的评价和褒扬。

宋代诗人陈与义《和张矩臣水墨梅五绝》云：

巧画无盐丑不除，此花风韵更清姝。

从教变白能为黑，桃李依然是奴仆。

此诗是陈与义与张矩臣（陈与义表兄，曾为仲仁的《墨梅》题诗）的唱和之作。前两句是说，无盐很丑，画得再巧妙也不能将其丑除掉。可是仲仁笔下的墨梅，虽然不红不白，其风韵却显得分外秀美。后两句是说，在画家笔下，虽然梅花由白的变成了黑的，但桃花李花无论多么鲜艳，依然只能是梅花的仆从。中国人民自古以来重视气节，赞赏刚正不阿而鄙视趋炎附势，诗人所看重的，正是如梅花一般的气节和秉性。

陆游在《饮张功父园戏题扇上》中云：

马麟《晴雪烘香图》

寒食清明数日中，西园春事又匆匆。

梅花自避新桃李，不为高楼一笛风。

此诗作于淳熙十三年（1186）清明，当时陆游新受命严州太守，在临安（今杭州）逗留之际，张镃约陆游会饮时而作。诗中说，春事将尽，梅花落去，这是梅花自己避开新开的桃李（暗喻当朝新贵），不愿与之为伍，并非因高楼之笛声而飘零。又如：

雪虐风饕愈凛然，花中气节最高坚。

过时自合飘零去，耻向东君更乞怜。（陆游《落梅二首》之一）

梅花不畏风雪的肆虐逞威，愈寒冷愈显出凛然不屈的高坚气节。现在，虽过了开放的时令，但梅花并不羡慕桃李的逢时，宁可飘零落尽，也耻于向太阳乞怜。在这里，梅花简直就是一个坚强不屈的战士，不畏险恶，来去从容，不乞怜悯，独领春先，气节高坚，大义凛然。联系诗人一贯的爱国主张和他的一系列遭遇，这是写梅，更是写自己。

和靖门前雪作堆，多年积得满身苔。

疏花个个团冰玉，羌笛吹他不下来。

这是元代诗画家王冕所作的《素梅五十八首》之一，该诗写出了当时仁人志士的气节，道出了他们不甘被奴役的心声。据元代张辰《王

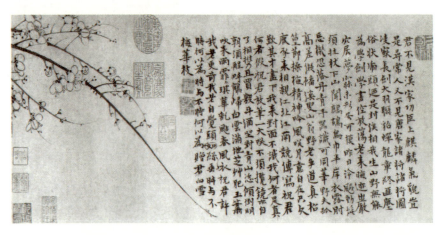

王冕《墨梅图》

第二章 诗词咏梅

冕传》记载,王冕最后一次北上大都(今北京)期间,住在秘书卿泰不花家,泰不花与翰林院诸贤想推荐王冕入翰林院任职,王冕遂张挂一幅梅花于壁上,自题诗句云:"疏花个个团冰

王冕《墨梅图》(局部)

玉,羌笛吹他不下来。"见者瞠目结舌,不敢再和王冕说起此事。王冕诗中经常有类似的诗句讥讽元朝统治者,因此险些入狱。

明代著名学者方孝孺《画梅》云:

> 微雪初消月半池,篱边遥见两三枝。
>
> 清香传得天心在,未话寻常草木知。

这首诗的意思是说,微雪刚刚开始融化,天上的月光倒影水中,洒满半边池水。在零落的竹篱边,遥遥望见三两枝梅花。梅花的清香远远传来,飘荡在萧寒的天地间,仿佛在告诉我们,梅花的高洁志向是寻常草木难以理解、不能比拟的。方孝孺在明"靖难之役"期间,拒绝为篡位的燕王朱棣草拟即位诏书,刚正不阿,孤忠赴难,被灭十族。方孝孺此诗写梅,更是写人,是借写梅而写自己峻傲的风骨。

> 玉为肌骨雪为神,近看茏葱远更真。
>
> 水底影浮天际月,樽前香遍酒阑人。
>
> 松篁晚节应同操,桃李春风漫逐尘。
>
> 马上相逢情不尽,一枝谁寄陇头春。

明代于谦诗中的梅花与松竹同操,岁暮耐寒,而易谢的桃李只能在春风中散散漫漫地追逐着浮尘。

· 历代名人与梅 ·

明末清初著名画家石涛,品性孤高,喜爱梅花,晚年自号"梅花道人"。他有一首题画诗,其中云:

古花如见古遗民,谁遣此花照古人。

阅历六朝惟隐逸,支离残腊倍精神。

天青地白容疏放,水拥山空任屈伸。

拟欲将诗对明月,尽驱怀抱入清新。

诗中的古梅有古遗民之风,有超逸不凡之气,尤其是颈联,写出了古梅顽强的斗争精神和旷达的处世态度。

石涛《墨梅》

清代诗人吴淇《枯梅》诗云:

奇香异色著林端,百十年来忽兴阑。

尽把精华收拾去,止留骨格与人看。

梅虽枯,然傲骨犹存。

清末湘军将领罗泽南《题寒梅图》云:

冉冉寒香渡水涯,溪南溪北影横斜。

含情最耐风霜苦,不作人间第二花。

梅花立志争先、奋发向上的精神令人起敬。

气结殷周雪,天成铁石身。

万花皆寂寞,独俏一枝春。

第二章 诗词咏梅

这是现代画家潘天寿在其《梅月图》上的题诗,创作于 1966 年。画面中心一株刚劲苍老的梅树,在半遮云中的寒月下顽强生长。通过这一首题画诗,我们不仅看到了画家雄浑的笔墨技巧,更看到了梅花傲霜斗雪、绝无媚骨的凛然正气,也真实地再现了潘天寿高风劲骨、坚贞不阿的内在精神。

著名画家张大千的诗歌:

却笑诗翁浪费才,认桃辨杏漫相猜。

一生不解群芳竞,雪地冰天我独开。

梅花说:这些诗人真是太浪费才华了,我根本不屑理会百花是如何竞放的,还在冰天雪地时我就凌寒开放了。梅花骄傲自信的形象跃然纸上。

其他如"贞姿灿灿眩冰玉,正色凛凛欺风霜"(王冕《题墨梅图》)、"不比寻常野桃李,只将颜色媚时人"(王冕《素梅五十八首》之一)、"问他桃与李,谁敢雪中香"(吴承恩《临江仙·题红梅》)、"君子同心坚岁晚,不随桃李逐春融"(徐渭《题梅竹》)、"最爱新

徐渭《水边梅花图》

枝长且直,不知屈曲向东风"(李方膺《题画诗》)、"寒心傲骨三冬志,古色幽香十月缘"(李天锡《梅花》)等,都赞颂了梅花的铮铮铁骨和浩然正气。

3. 清寒自守　淡泊名利

自然界中的梅花多生长在幽谷、苍崖、溪涧、篱边,故常被人们赋以冷寂、孤独的性格。梅花甘心寂寞,清寒自守,安贫乐道,不趋荣利,悄悄地开放于风雪之中,默默地散发着淡淡幽香。因此,其品格历来受到文人雅士的青睐和推崇。

宋代朱敦儒《卜算子》云:

　　古涧一枝梅,免被园林锁。路远山深不怕寒,似共春相躲。

幽思有谁知,托契都难可。独自风流独自香,明月来寻我。

这株梅花不求"有谁知",甘心守寂寞,娴静、坦然而超脱。结尾两句是说梅花以明月为知己,更表现了梅花的超尘出俗。

徐禹功《雪梅》(局部)

陆游的《卜算子·咏梅》则塑造了自开自落、无人知赏,零落成泥、仍留清香的梅花形象:

　　驿外断桥边,寂寞开无主。已是黄昏独自愁,更著风和雨。

无意苦争春,一任群芳妒。零落成泥辗作尘,只有香如故。

陆游一生坚持抗金,却屡遭打压,被排挤罢黜,宏图大志无由施展,恰如"驿外断桥边"的梅花,高洁自守,卓然独立,不与群芳争春,但求清香如故。陆游写梅,实际上就是写自己。这株梅花无疑就是诗人人格形象的化身和精神品格的写照。

南宋文天祥《梅》云:

> 梅花耐寒白如玉,干涉春风红更黄。
> 若为司花示薄罚,到底不能磨灭香。

诗中称赞了梅花的高尚和芳洁。虽然司花神让春风把梅花吹得衰微变黄了,但她仍不失自己的香气。在对梅花的称赞中,可以看出诗人重气节的高贵品格。

宋代诗人王淇的《梅》则以幽默风趣的语句赞美了梅花的高尚品格:

> 不受尘埃半点侵,
> 竹篱茅舍自甘心。
> 只因误识林和靖,
> 惹得诗人说到今。

作者笔下的梅花玉洁冰清,心甘情愿地默默开放在草舍旁、竹篱边。正面歌颂之后,作者一反人们以林逋作为梅花知音的传统观点,认为梅花认识林逋是一个错误,正因为"误识林和靖",才惹得人们颂梅之声不绝,而这是违反梅花的初衷的。幽默的一笔,更把梅花自甘寂寞、不趋荣利的品质表现得淋漓尽致。作者表面上赞颂的是梅,实际上也是在赞美古往今来以淡泊宁静为怀的高人雅士。

马麟《层叠冰绡图》

• 历代名人与梅 •

明代道源有一首《早梅》,着重写梅的神韵,言近意远,寄托了作者的高洁情趣:

万树寒无色,南枝独有花。

香闻流水处,影落野人家。

前两句以天寒地冻、万树无色反衬南枝梅花迎寒独开,赞美梅花傲霜凌雪的坚贞气节。后两句写梅花开放于贫寒的农家、清冷的溪边,以自己的幽香默默地洒向人间,赞美梅花不图富贵、不慕荣利的淡泊情怀。

吴昌硕《报春图》

近代著名书画家吴昌硕有诗云:

道人铁脚仙,浩歌衣百结。

我欲从之游,共嚼梅花雪。

诗中说,道人虽生活贫困潦倒,却能潇洒不羁。该诗赞美梅花,也是赞美有德之人清贫乐道的高尚精神。

近代民主革命战士秋瑾有一首咏梅诗:

冰姿不怕雪霜侵,

羞傍琼楼傍古岑。

标格原因独立好,

肯教富贵负初心。

诗中赞美梅花安于贫寒的淡泊品性,绝不因贪图富贵而改变自己的初心。

其他如"人中商略谁堪比,千载夷齐伯仲间"(陆游《园中赏梅》),将梅花比作伯夷、叔齐,视为忠义守节的典型、品行高尚的模范。又如"平生清苦能自守,焉肯改色趋尊彝"(王冕《梅花四首》之一)、"寂寞深岩伴隐沦,喜同松竹结为邻。甘心静守林泉操,不与群芳斗丽春"(周履靖《和中山梅》)等,赞美梅花甘守清贫,以松竹为邻,此等境界,着实可敬。

4. 俏不争春　默默奉献

梅花还有一个重要的品格,就是知春报春不争春,"只管吹香与路人",因而一直为人们所称颂与赞美。

唐末进士李九龄《寒梅词》云:

霜梅先拆岭头枝,万卉千花冻不知。

留得和羹滋味在,任他风雪苦相欺。

诗中的梅花不畏严寒,傲然开放,只要梅花留有高尚品格,风雪纵然相欺,又能奈"梅"何!正是抱着这样的信念,梅才"任他风雪苦相欺",而为人们默默地奉献。

王冕是元代著名的诗画家,一生酷爱梅花,自号"梅花屋主"。他不但开密体写梅之先河,而且创作了大量的咏梅佳作。比如:

吾家洗砚池头树,个个花开淡墨痕。

不要人夸好颜色,只流清气满乾坤。

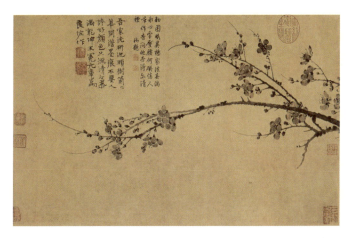

王冕《墨梅图》

这是王冕咏梅的代表作,是他自题在《墨梅图》上的。前两句描写梅花之色,后两句突出梅花的高尚情操。不是颜色不好,而是不要人夸,梅花只希望自己的清香之气充满整个天地人间。

又如:

冰雪林中著此身,不同桃李混芳尘。

忽然一夜清香发,散作乾坤万里春。(《素梅五十八首》之一)
这首诗是描写落梅的,本是最易萌生伤感的题材,可是诗人写得非常轻松自然。诗中的梅花冰清玉洁,置身于冰雪林中,不想与桃李争春,而欲将自己的清香洒满乾坤,给人们带来万里的春色。

清代诗人、画家李方膺一生爱梅、赞梅、画梅,梅花已成为他的精神寄托,称梅花为"平生知己",甚至衣服也着梅花色(白色),自号"白衣山人"。李方膺《题画梅》云:

挥毫落纸墨痕新,几点梅花最可人。

愿借天风吹得远,家家门巷尽成春。

但愿天风能把梅花吹到千家万户,房前屋后都能见她报春的身影,让家家户户都能享受她的清香,感受到春天的温暖。

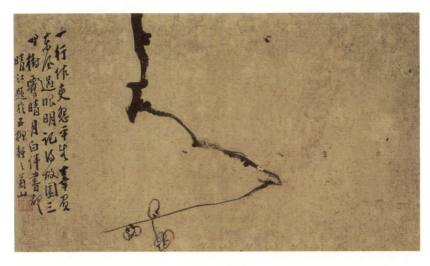

李方膺《墨梅》

近代诗人王允皙《梅花》云：

　　茆屋苍苔岂有春，翛然曾不步逡巡。

　　自家沦落犹难管，只管吹香与路人。

虽已到早春时节，但茅屋冷寂，春风未到，而梅花那样洒脱、超然，她不因春风不来而徘徊，也不因自身零落而迟疑，只将阵阵清香送与路人。作者以梅花自喻，借梅抒情，颂扬了梅花虽然自家"沦落"难顾、却犹能"吹香与路人"的高尚品德。

二、抒真情

中国历史上有许多文人墨客、丹青画师喜梅爱梅，到了如醉如痴的地步。他们有的以梅为友，有的视梅为客，有的喻梅为妻，有的甚至以梅自况，梅就是我，我即是梅，达到了神与梅游、梅我两忘的境界。

1. 以梅为友

北宋文学家黄庭坚在《次韵赏梅》中咏道："淡薄似能知我意，幽闲元不为人芳。"梅花恬淡清静，仿佛能了解我的心意，安详和顺，并非为别人散发芳香。"能知我意""不为人芳"，道出了诗人与梅花互知互赏。

南宋爱国诗人陆游，一生爱梅成痴，以梅自况，

马远《雪滩双鹭图》

其《梅花》曰:"欲与梅为友,常忧不称渠。从今断火食,饮水读仙书。"陆游甚至认为,梅花的品格如此高坚,以至于自己都不配与梅花为友,须先断了烟火才行,凡夫俗子是绝不能与之为伍的。再如陆游的另一首诗:

  五十年间万事非,放翁依旧掩柴扉。

  相从不厌闲风月,只有梅花与钓矶。(《梅花》)

陆游一生坎坷,以能与梅花为友为荣;人间万事消磨净尽,只有梅花才是自己终身相伴的朋友。

  元代画家贡性之在其七绝《题梅》中咏道:"平生心事许谁知,不是梅花不赋诗。"把梅花引为知音,推心置腹。

  明代诗人李日华《写梅》云:

  青丝络壶春酒香,

  山阴高屐趁晴光。

  水边林下逢奇友,

  吐尽平生冰雪肠。

该诗先写携酒访梅,再写逢梅之后的喜悦之情。"吐尽平生冰雪肠",不仅仅是指诗人,也包括梅花。诗人与梅花心心相印,互诉衷肠。

  清代书画家高凤翰《元日试笔,赋得"独对梅花睡到明"》诗云:

  独对梅花睡到明,

  梦回渐觉晓寒轻。

高凤翰《梅竹石图》

疏香入幌清无滓,冻蕊侵窗淡有情。

白雪盈头浑似我,青春过眼转怜卿。

百年莫更寻知己,与尔新成物外盟。

作者对梅如对知己,这不仅因为"疏香入幌"、"冻蕊有情",还因"白雪盈头浑似我",更因"青春过眼转怜卿",行交神交,知己知心。

清代诗画家汪士慎生性爱梅,曾作《喜梅放》云:

独自晓寒起,

月残犹在天。

冷看浮竹径,

疏影落吟肩。

相对成良晤,

同清亦可怜。

谁夸好颜色,

高阁困朝眠。

诗人与梅已成挚友,同病相怜,这里已将梅人格化了。汪士慎在54岁时不幸左眼病废,但仍能以通达乐观的心态面对一切,生活中的酸辛并没有摧垮他。正如汪士慎在61岁时所作的《新岁遣兴》:

余省《梅花八哥图》

六十翻头又丙寅,多年况味得称贫。

间贪茗碗成清癖,老觉梅花是故人。

蔬食元胜粱肉美,蓬窗能敌锦堂新。

安排扫地焚香坐,积雪檐冰早占春。

通过60年的清贫生活,汪士慎已经悟彻了人生。他嗜茶成痴,以梅为友,安贫乐道,清寒自守,表达了自己淡泊而平静的心境。

· 历代名人与梅 ·

清代画家李方膺以画梅自况,自言"平生事事居迟钝",画梅花时却"画到梅花不让人"。他还专门请人刻了一枚闲章"平生知己",所作梅花,常盖此章于其上,可见对梅之喜爱程度。江苏南通博物苑所藏李方膺一幅《梅花图》,其题诗也颇能道出诗画家爱梅如痴、以梅为知己的心迹:

> 予性爱梅,即无梅之可见,而所见无非梅。日月星辰,梅也;山河川岳,亦梅也;硕德宏才,梅也;歌童舞女,亦梅也……知我者,梅也;罪我者,亦梅也。

李方膺《双清图》

此时,作者已与梅浑然为一了,所见所闻无一不是梅花,所思所念也无一不是梅花。至此境界,作者笔下的梅花已不仅仅作为一幅不能言语的画卷存在,而是被赋予了作者的精神气韵,梅就是我,我即是梅。

清代湘军将领彭玉麟能诗善画,尤擅画梅,一生画梅不下万幅,并常在梅花图上题诗寄情,比如:

第二章 诗词咏梅

一生知己是梅花,魂梦相依萼绿华。

别有闲情逸韵在,水窗烟月影横斜。

生平最薄封侯愿,愿与梅花过一生。

安得玉人心似铁,始终不负岁寒盟。

天寒岁暮客魂销,梦绕西湖第六桥。

我似梅花梅似我,一般孤僻共无聊。

诗人爱梅之深情,于此可见。

近代杰出艺术家吴昌硕一生爱梅、咏梅、写梅,引梅为知己。他曾在自己创作的一幅《红梅图》上题有"苦铁道人梅知己"("苦

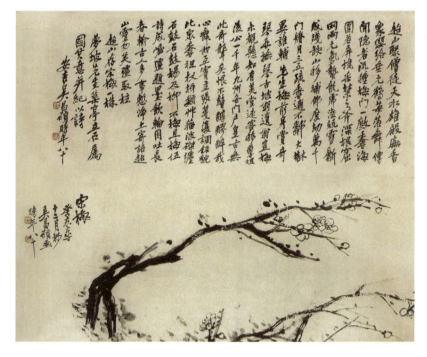

吴昌硕《超山宋梅图》

铁道人"为诗人自号)句,另有《红梅》曰:

梅花铁骨红,旧时种此树。

艳击珊瑚碎,高倚夕阳处。

· 历代名人与梅 ·

百匝绕不厌,园涉颇成趣。

太息饥驱人,揖尔出门去。

诗人通过回忆早年在故乡芜园种梅"旧时种此树"、赏梅"百匝绕不厌"、别梅"揖尔出门去"等往事,抒发了与梅花之间的深情厚谊。

沈周《梅雀》

现代著名画家于希宁以画梅著称。20世纪80年代,他曾刻制"梅痴"一印以自况,90岁时犹自带病扶杖为梅花写照。他把梅花看做知己,当做亲人,甚至当做自己来画。于希宁还是一位爱梅咏梅的诗翁,这在他众多的咏梅诗、题画诗中可以得到充分印证,比如:

梦里观梅影不离,魂驰墨舞绕神思。

思君长夜难瞑睡,偶入甘眠即梦君。

我爱梅花梅爱我,新枝老干任横斜。

老来劳瘁债无休,笔杵心耕难尽酬。

若不为君传美德,宁将朽木种猴头。

爱梅之情,感人至深。

现代国画家管锄非对梅情有独钟。他在《梅论三章》中写道:"梅乃我之知己,我生亦梅之知己。"管锄非以梅为知己,咏梅、画梅,作品中最多也最引人入胜的就是梅花。他有许多咏梅诗,突出表现了自己的爱梅情结,比如:

曾赋梅花百首诗,梅花爱我为渠痴。

第二章 诗词咏梅

而今老去风情减，玉骨冰肌一样奇。

曾与梅花一段痴，形形影影总相依。

月明林下虚前席，风雪炉边坐论诗。

诗人把梅花比作老友、故交，形影不离，论道谈诗。

又如：

我爱梅花梅爱我，可从笔墨见知音。

我与梅花是故知，几经兵燹总如斯。

数点含苞才欲绽，深情万种发清奇。

自笑尘寰孤似僧，琴心剑胆气嶙峥。

归来一把如柴骨，堪与梅花做老朋。

诗人笔下的梅花，是故交，是知音，是老朋，此情此景，情真意切，令人动容。

其他如"翁欲还家即明发，更为梅兄留一月"（杨万里《郡治燕堂庭中梅花》）、"我与梅花真莫逆，别来长恐因循"（胡铨《临江仙·和陈景卫忆梅》）、"问梅花与我，是谁瘦绝"（何梦桂《水龙吟》）、"只有梅花是知己，相逢多在月来时"（贡性之《题梅四首》之一）、"窗有老梅朝作伴，山留残雪夜看书"（弘仁《题画诗三十三首》之一）、"人日

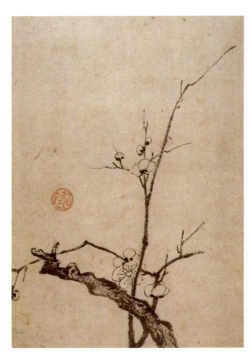

弘仁《墨梅图》

今年又共君,他人交态白头新"(陈宪章《月夜与何子有饮梅村社二首》之一)、"老梅我素交,隔岁重追寻"(陈梓《访遁野老梅》)、"原知不入时人眼,聊为梅兄一写真"(朱方蔼《画梅十九首》之一)、"小几呼朋三面坐,留将一面与梅花"(何鈊《普和看梅》)等,都表现了诗人对梅花的挚爱之情。

2. 视梅为客

宋徽宗《蜡梅山禽图》

每逢过年的时候,人们都喜欢瓶插梅花,认为这样才有年味,正所谓"山家除夕无他事,插了梅花便过年"。

有一年过春节,宋代诗人杨万里及家人围着瓶插梅花作诗娱乐,轮到杨万里时,他作了一首七言绝句:

> 销冰作水旋成家,
> 犹似江头竹外斜。
> 试问坐中还几客,
> 九人而已更梅花。

意思是说,冰雪融化了,梅花很快在瓶里安了家,瓶中的梅花仍保持着她在江头水边竹丛里伸出的潇洒风姿。后两句,诗人突发奇想,问道:我们在坐的一共有几位客人?家人回答说:九位。诗人说:还有一位客人,就是梅花呀!从这风趣幽默的诗句中,我们看到了诗人对梅花的喜爱之情。而杨万里"诚斋体"新巧、谐谑又不避浅俗的艺术风格也在这里得到了充分体现。

3. 喻梅为妻

宋代林逋"梅妻鹤子",在咏梅史上传为美谈。无独有偶,清代的彭玉麟自号"梅花外子"(即丈夫,旧时妻称夫为外子)、"梅仙外子",也留下了动人的故事,广为流传。

彭玉麟(1816—1890),湖南衡阳人,官至兵部尚书,为官清正廉洁,秉性刚直,光明磊落,平易近人,善诗文,喜画梅。早年,彭玉麟与梅仙青梅竹马,两情相悦,互相倾慕,暗定终身。终因家长反对,未能如愿。梅仙出嫁四年后,抑郁而亡。彭玉麟悲痛万分,在梅仙坟前立下誓言:一生画梅,以示纪念。彭玉麟平生画梅不下万幅,题写咏梅诗千余首,借以表示对梅花与恋人的喜爱与思念,比如:

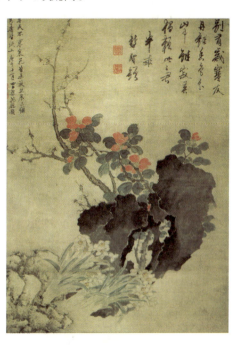

樊圻《岁寒三友图》

> 我是西湖林处士,梅花应唤作卿卿。(卿卿,夫妻间的爱称)
>
> 前身许我是林逋,输与梅花作丈夫。
> 莫笑花容太清瘦,仙人风骨本清癯。
>
> 林下酣眠月色西,满身香雪梦魂迷。
> 幽人自是多清福,修得梅仙嫁作妻。
>
> 阿谁能博孤山眠,妻得梅花便是仙。
> 侬幸几生修到此,藤床相共玉妃眠。

三生石上因缘在，结得梅花当蹇修。（蹇修，媒妁）

这些诗句缠绵悱恻，款款深情，感人肺腑，催人泪下。

另外，明末清初诗人归庄有一首《昆山看梅》云：

坐对琼姿酒满斟，
一枝何必让千林。
岂容佳偶林逋独，
今夜狂夫欲委禽。（委禽，致送聘礼）

诗人一边于梅前对酒，一边想：梅花冰姿动人，这么好的配偶岂能让林逋一人独有？我今晚就要给她下聘礼！此诗风趣地体现了作者对梅花的倾慕之情。

4. 其他方式

除上述几种爱梅的表达方式外，还有其他一些方式同样体现了诗人对梅花的喜爱之情。

（1）嗅。

嗅者，闻也。许多文人雅

石涛《梅竹图》

士喜欢用嗅的方式表示对梅花的喜爱。

晚唐诗人郑谷《江梅》中有句云：

江梅且缓飞，前辈有歌词。……
吟看归不得，醉嗅立如痴。

诗人希望梅花凋谢得慢一点，因为自己在梅前看不够，闻不够，所以"醉嗅立如痴"。

北宋哲学家、易学家邵雍有一年在好友张师锡家的园林赏梅时,写有《同诸友城南张园赏梅十首》,其中一首云:

　　折来嗅了依前嗅,重惜清香难久留。

　　多谢主人情意切,未残仍许客重游。

折下一枝梅深闻后,依然是前面已经闻过的幽香,深深地惋惜这种香气难以长久停留。多谢主人情真意切,梅花还没有残败的时候容许客人再次重游。

宋代诗人李行中《赋佳人嗅梅图》云:

　　蚕眉鸦鬓缕金衣,

　　折得梅花第几枝。

　　嗅尽余香不回面,

　　思量何事立多时。

诗人借助画中美人伫立梅前享受梅花清香的神态,来表现自己的爱梅之情。

南宋著名江湖派诗人戴复古《山中见梅》云:

　　踏破溪边一径苔,

　　好山好竹少人来。

　　有梅花处惜无酒,

　　三嗅清香当一杯。

以梅香代酒香,梅香胜酒香,清新爽朗,沁人心脾。

南宋诗人潘牥在《落梅》中云:

　　一夜风吹恐不禁,晓来冷落已骎骎。

　　忍看病鹤和苔啄,空遣饥蜂绕竹寻。

马麟《暗香疏影图》

稚子踟蹰看不扫，老夫索莫坐微吟。

窗前最是关情处，拾片殷殷嗅掌心。

《林逋梅妻鹤子》版画

刮了一夜的大风，一直惦念着梅花的诗人放心不下，天亮外出一看，梅花果然都凋尽了。此时，没精打采的仙鹤把梅花和莓苔一道啄食，饿着肚子的蜜蜂绕着竹子飞来飞去。面对落梅，打扫院子的孩子迟迟不肯动手，老人也精神不振地坐在那里低吟浅唱。最能牵动人心的是窗前的落梅，于是拾起一片，放在掌心里闻了又闻。作者正是通过手捧梅花这一典型的细节描写，道出了爱梅、惜梅的心声，给读者留下了悠长的回味。

现代画家张大千于1971年在美国扩建"环荜庵"时，其好友名医丁仲英资助颇丰，张大千用此购梅，并赋二诗为谢，其中一首云：

故人远寄草堂资，客况萧条久见知。

好与放翁添一树，月明嗅蕊捻吟髭。

在明月皎洁的夜晚，诗人站在梅树之下，捋着胡须嗅蕊闻香，该是何等的惬意啊！

（2）嚼。

嚼者，食也。从1978年河南新郑裴李岗遗址出土的梅核可知，早在7000多年以前，国人就已采食梅子充饥。成书于东汉时期的《神农本草经》和明代李时珍的《本草纲目》也都阐述了梅花的食用和药用价值。尤其是绿梅和白梅的花蕾，具有开胃散郁、生津化痰、活血解毒等医疗保健功效。诗人喜欢食梅,当然不仅仅因为梅花能食、可餐,更重要的是他们太爱梅了,所以才会有"饮冰嚼梅""和雪而咽"之雅举。

明代张岱《夜航船》中记载:铁脚道人尝爱赤脚走雪中,兴发则朗诵《南华·秋水篇》,嚼梅花满口,和雪咽之,并曰:"吾欲寒香沁入心骨。"

清末著名爱国诗僧寄禅大师,其最初的诗集名为《嚼梅吟》,其诗友杨灵签曾为之题跋云:

> 吾友寄禅子,性爱山,每跻攀必凌绝顶,务得奇观。逢岩洞幽邃处,便吟咏其间,竟日忘归。饥渴时,但饮寒泉,啖古柏而已。若隆冬,即于涧底敲冰和梅花嚼之……

周之冕《松梅芝兔图》

历代爱梅之人有如此雅举者,不乏其人,比如:

> 才看腊后得春晓,愁见风前作雪飘。
>
> 脱蕊收将熬粥吃,落英仍好当香烧。(杨万里《落梅有叹》)

因为爱梅而惜梅,其情其趣,颇可玩味。

> 旋摘冰英带雪餐,清分齿颊不知寒。
>
> 屈平若谙多风味,未必专心嗜菊兰。(冯海粟《咀梅》)

自己喜欢带雪餐英,还设想他人享受不到此等情趣而或许会感到遗憾。

> 细嚼冰蕤齿颊馨,诗脾冷沁有余清。(释明本《和咀梅》)

历代名人与梅

细嚼梅蕊，齿颊生香，沁人心脾，酣畅淋漓。

爱杀冰姿带雪开，几回玩赏去还来。

嚼得雪蕊清诗骨，诗咏咀梅次第栽。（周履靖《和咀梅》）

诗人爱梅，去而复来，嚼蕊嗅香，诗骨愈清。

玉戏天公下碧霄，松根酌酒挂诗瓢。

醉来便学袁安卧，饥嚼梅花当药苗。（吴昌硕《咏梅诗》）

如对梅花无深情，诗人是不会"饥嚼梅花当药苗"的。可以说，吴昌硕爱梅爱到了极点。

（3）忧。

忧者，担忧、惦念也。因为爱梅，有人不舍清扫，以便清香长留；因为爱梅，有人趁着月色轻轻扫起，以免明早被人践踏；因为爱梅，有人与梅"商量"，请勿全开；因为爱梅，有人睡而复醒，唯恐梅花落尽……

陈醇《墨梅图》

唐代诗人张籍《梅溪》云：

　　自爱新梅好，行寻一径斜。

　　不教人扫石，恐损落来花。

"不教人扫石"，是怕惊动损坏了飘落的梅花，语虽平淡，却饱含深情。

　　更卷珠帘清赏，且莫扫，阶前雪。（林逋《霜天晓角》）

也是担心惊扰了梅花。

　　一花两花春信回，南枝北枝风日催。

　　烂熳却愁零落近，丁宁且莫十分开。（陆游《梅花》）

春暖，风催，既为梅花"烂熳"而欣喜，又因其将要凋谢而惋惜，因此叮嘱梅花要慢慢地开。

　　胆样银瓶玉样梅，北枝折得未全开。

　　为怜落寞空山里，唤入诗人几案来。（杨万里《昌英知县叔作岁坐上，赋瓶里梅花，时坐上九人七首》之二）

　　雪冻霜封稍欲残，殷勤折向坐中看。

　　绮疏深闭珠帘密，不遣花愁半点寒。（杨万里《昌英知县叔作岁坐上，赋瓶里梅花，时坐上九人七首》之六）

这是杨万里吟咏瓶里梅花的两首诗。第一首写诗人折梅入瓶是因为梅花在空山里寂寞，因而让她来到书房与自己作伴。第二首写诗人折了一枝将残的梅花插入瓶中，置于座旁，殷勤观赏。作者惋惜她在野地里遭受霜雪的摧残，因此，深闭窗户，密掩门帘，不让她再受半点风寒。

　　夜来几阵隔窗风，便恐明朝已扫空。

　　点在青苔真可惜，不如吹入酒杯中。（郑性之《落梅》）

夜里接连刮了几阵大风，明早满树的梅花恐怕都要被风一扫而空。这些梅花如果落在青苔上就太可惜了，因为青苔是污浊之物；要是被风吹进诗人的酒杯里就好了，只有诗人才是梅花的知音。

梅花片片白无瑕,吹落阶前雪点斜。

未忍和苔黏履迹,月明携帚扫瑶华。(何玉瑛《扫梅》)为保持梅的洁白无瑕,免遭践踏,诗人趁着月色扫取梅花。诗虽短小,却清婉可诵,爱梅之情,令人动容。

又如:

陈洪绶《高士摘梅图》

侵阶零乱,素痕未许人扫。(王夫之《念奴娇·梅影》)

更约挐舟同出郭,

商量嫩蕊莫齐开。

(程嘉燧《正月十八日同仲和侯园梅因期同出西郭即事》)

拾取残英,注来花乳磁瓯,纵使暗香埋陇畔,胜于飞絮舞街头。(陈维崧《雪梅香·和竹逸再游石亭看落梅原韵同云臣赋》)

松摧竹折雨翻澜,

夜半号呼惊梦残。

默念梅花讫落尽,

明朝不敢启门看。

(张大千《腊月十二日夜半枕上作》)

都表达了诗人对梅的真挚情感。

(4)赏。

这里的赏不是一般的观赏、欣赏,而是一种痴情的赏、百绕千回的赏、与梅同眠的赏、梦醒梅花下的赏,是"梅花开后不开门"

的赏,是"看了梅花睡过春"的赏,是"忍寒花下立多时"的赏……历代赏梅的诗词非常丰富,比如:

日暖香繁已盛开,
开时曾绕百千回。
春风岂是多情思,
相伴花前去又来。
(蔡襄《十一月后庭梅花盛开》)

平生不喜凡桃李,
看了梅花睡过春。
(陆游《探梅》)

为爱梅花月,
终宵不肯眠。(戴敏《观梅》)

北客南来岂是家,
醉看参月半横斜。
他年欲识吴姬面,
秉烛三更对此花。(苏轼《再和杨公济梅花十绝》之一)

一年一见,千绕千回。向未开时,愁花放,恐花飞。(晁补之《行香子·梅》)

岁寒堂下两株梅,商量先后开。
春前日绕一千回,花来春未来。(赵彦端《阮郎归》)

便揉春为酒,翦雪作新诗,拚一日,绕花千转。(姜夔《玉梅令》)

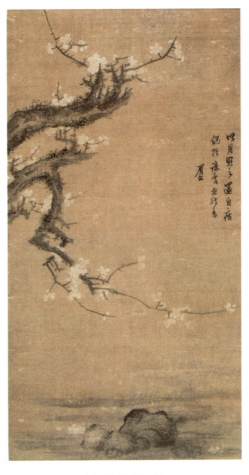

陈继儒《墨梅图》

历代名人与梅

骨冷肌清偏要月,天寒日暮尤宜竹。想主人,杖履绕千回,山南北。(刘克庄《满江红·题范尉梅谷》

梅花一簌,花上千枝烛。照出靓妆姿态,看不足,咏不足。便欲和花宿。却被官身局。(吴潜《霜天晓角》)

老去懒寻花,独自生涯。几枝疏影浸窗纱。昨夜月来人不睡,看尽横斜。(程垓《浪淘沙》)

一色白云天似雪,和衣和雪宿梅花。(刘辰翁《探梅四绝》之一)

记取灞桥明月夜,忍寒花下立多时。(贡性之《题画梅四首》之一)

日落疏林度小桥,天寒岁晚路迢遥。

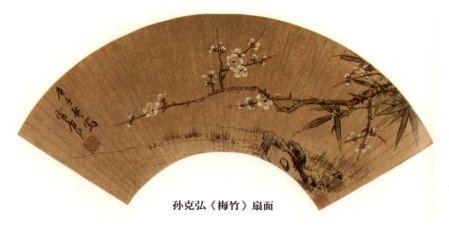

孙克弘《梅竹》扇面

道人已是归心急,更为梅花住一宵。(童冀《冬日道中》)
消息东风两月前,西湖索莫老逋仙。
雪篷昨夜还扶醉,移近梅花一处眠。(林俊《看梅偶成》)
香气迎妆粉,春光照径苔。
贪看千片玉,日暮尚徘徊。(祁德琼《寓山看梅》)
万里还归故国山,溪边结得屋三椽。
种梅买鹤余生了,月下花前伴鹤眠。(张大千《梅花》)

诗人如此爱梅，可谓情真意切，感人至深。梅花如有知，定会为之动情。

（5）醉。

中国的酒文化源远流长，文人学士似乎与酒有着不解之缘。于是，饮酒、赏梅、赋诗便成为传统文人的一大雅趣。他们因为爱梅而畅饮，因为畅饮而醉酒；更多时候，则是酒不醉人人自醉，梅香更醉诗人心。

比如：

> 三年闲闷在余杭，
> 曾为梅花醉几场。
> ……
> 赏自初开直至落，
> 欢因小饮便成狂。
> （白居易《忆杭州梅花，因叙旧游，寄萧协律》）

陈洪绶《痛饮读骚图》

一个"醉"字可见诗人爱梅之痴。正是因为爱梅，诗人才"小饮便成狂"。

再如：

> 我共梅花情最深，左持樽酒右持灯。
> 持灯持酒岂辞倦，却是春香不自胜。（徐积《谢人惠梅花》）

灯下饮酒赏梅，喜悦之情，溢于言表。

> 十年不见锦川梅，今日清香入酒杯。（杨杰《赏梅呈仲元》）

梅香伴酒香，令人陶醉。

闻说观梅借烛光，今宵为我更开觞。

江月江梅斗冷光，就梅临月举瑶觞。

月压江梅似雪光，史君要我共飞觞。（郭祥正《和倪敦复观梅三首》）

这是诗人在汀州、漳州为官期间，与好友倪敦复一同赏梅后写下的咏梅诗句。诗人在赞美梅花映雪冲寒、仙骨神韵的形象和品格时，仍不忘携樽举杯，与友飞觞。

病起眼前俱不喜，可人唯有一枝梅。

未容明月横疏影，且得清香寄酒杯。（朱淑真《冬日梅窗书事四首》之一）

病后初愈，精神抑郁，唯一能让人高兴的就是"一枝梅""清香寄酒杯"。

忆挽梅花与君别，终年梦挂南台月。

且当醉倒此花前，犹胜相思寄愁绝。（朱松《饮梅花下赠客》）

以醉倒梅前之态，来抒发对友人的思念之情。

宋代陆游的一系列诗歌：

把酒梅花下，不觉日既夕。

花香袭襟袂，歌声上空碧。（《大醉梅花下走笔赋此》）

折得梅花古渡头，诗凡却恐作花羞。

清樽赖有平生约，烂醉千场死即休。（《梅花绝句》）

当年走马锦城西，曾为梅花醉似泥。

二十里中香不断，青羊宫到浣花溪。（《梅花绝句》）

寻梅不负雪中期，醉倒犹须插一枝。

莫讳衰迟杀风景，卷中今岁欠梅诗。（《梅开绝晚有感》）

老来爱酒剩狂颠,况复梅花到眼边。

不怕幽香妨静观,正须疏影伴癯仙。(《在赋梅花》)

醉倒栏边君勿笑,明朝红萼缀空枝。(《山亭观梅》)

年年烂醉万梅中,吸酒如鲸到手空。(《春初骤暄一夕梅尽开明日大风花落成积戏作》)

品酒赏梅是陆游人生的一大乐事,愈是年老,愈是喜欢。纯饮酒还不够,一定要醉,还要大醉,面对梅花,就应该一醉方休。陆游之爱梅,的确到了如醉、如痴、如狂的地步。

另外,朱敦儒是"曾为梅花醉不归"(《鹧鸪天》),李清照是"年年雪里,常插梅花醉"(《清平乐》),朱方蔼是"已拚春醒一枕,如今且、醉倒花前"(《满庭芳·赏梅》),韩淲是"平生常为梅花醉。数枝滴滴香沾袂"(《菩萨蛮·野趣观梅》),赵长卿是"腊寒那事更相宜。醉了还醒又醉"

胡华鬘《墨梅图》

(《西江月·雪江见红梅对酒》)……宋人之喝酒赏梅,吟诗作赋,可谓情趣各异,蔚为大观。

后人赏梅饮酒赋诗,比之宋人,毫不逊色。比如下列诗句:

老夫见此喜欲颠,载酒大酌梅花仙。

仙人怪我来何晚,一别已是三千年。(王冕《题月下梅花》)

君家秋露白满缸,放怀饮我千百觞。

兴酣脱冒恣槃礴,拍手大叫梅花王。(王冕《题墨梅图》)

独酌梅花下,怜花与鬓同。(刘基《题梅屏二绝》之一)

老翁携酒亦偶同,花不留人人自住。(沈周《竹堂寺探梅》)

花间置酒香满缸,摘花浸酒催行觞。(文嘉《王元章墨梅五首》之一)

落英和雪团成片,研入春醪饮一杯。(吴之振《同用晦东庄看梅》)

一幅梅花乘醉写,何妨半日为勾留。(彭玉麟《画梅二首》之一)

梅开催雪雪催梅,梅雪催人举酒杯。(徐天全《雪湖赏梅》)

赏梅离不开酒,饮酒少不了梅,正是"酒不醉人花亦醉,载将春色满船归"(张德贵《梅园醉赏》)。

(6)痴。

痴,即痴迷。有些诗人爱梅,不好归类哪种具体的表达方式,故以"痴"述之。

爱梅如痴,宋代著名爱国诗人陆游当属其中的佼佼者。陆游一生爱梅,据不完全统计,仅咏梅诗词就多达

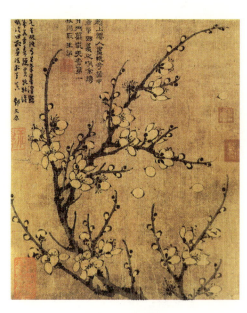

佚名《墨梅图》

400余首,其中有许多诗词突出表现了陆游对梅花的挚爱之情,比如:

闻道梅花坼晓风,雪堆遍满四山中。

何方可化身千亿,一树梅花一放翁。

第二章 诗词咏梅

这是陆游78岁在山阴（今绍兴）所作《梅花绝句》之一。清早起来，诗人听闻梅花已经迎着晨风绽开了。远远望去，就像是漫山遍野布满了雪一样。第三、四句诗人突发奇想，极表爱梅之心：有什么方法可以使自己变成千万个，这样就可以在每一树梅花前面都有一个陆放翁伫立欣赏，陶醉于梅花的高标逸韵之中。这种创意，这种意境，形象地表现了诗人对梅花近乎痴狂的热爱之情。

吴瑾《梅竹图》

陆游在其他咏梅作品中同样表达了自己对梅花的痴迷之情：

> 移灯看影怜渠瘦，掩户留香笑我痴。（《十一月八日夜，灯下对梅花独酌，累日劳甚，颇自慰》）

> 平生不喜凡桃李，看了梅花睡过春。（《探梅二首》之一）

> 清愁满眼无人说，折得梅花作伴归。（《城南寻梅得绝句四首》之一）

诗人对梅如对知己，关闭门窗，把香留住，结伴而归，倾诉真情。

> 子欲作梅诗，当造幽绝境。

> 笔端有纤尘，正恐梅未肯。（《梅花绝句》）

要作梅诗，须得恭恭敬敬，即使笔端有一点尘埃，也怕梅花不允许。

> 插瓶直欲连全树，簪帽凭谁拣好枝。（《次韵张季长正字梅花》）

折梅插瓶，最多不过数枝，诗人却恨不得把整株梅都插到瓶里，供自家欣赏。

梅花不仅要赏，还要往头上戴：

> 醉帽插花归，银鞍万人看。（《梅花绝句》）
>
> 老子舞时不须拍，梅花乱插乌巾香。（《看梅绝句》）
>
> 山村梅开处处香，醉插乌巾舞道傍。（《梅花》）
>
> 老子人间自在身，插梅不惜损乌巾。（《浣花赏梅》）

这些诗句笔触细腻而逼真，兴味浓郁而传神。在梅花面前，陆游完全变成了一个天真无邪的孩童，满头插花，不惜乌巾受损，醉舞道旁，引得万人观看，即使醉倒在地，也不忘把梅花插在头上。爱梅到如此程度，其率真、可爱的性情呼之欲出。

其他诗人的诗作，比如：

> 朝来早起挂南窗，要看梅花试晓妆。
>
> 两树相挨前后发，老夫一月不烧香。（杨万里《南斋前梅花》）

梅花先后发，诗人喜欲狂。

> 一行谁栽十里梅，下临溪水恰齐开。
>
> 此行便是无官事，只为梅花也合来。（杨万里《自彭田铺至汤田，道旁梅花十余里》）

这是杨万里任广东提点刑狱，在梅州写下的咏梅诗作。诗人说此行即便没有公事，就是为梅而来也值得。

> 月如牙，早庭前疏影印窗纱。逃禅老笔应难画，别样清佳。
>
> 据胡床再看咱。山妻骂："为甚情牵挂？"大都来梅花是我，我是梅花。（景元启《殿前欢·梅花》）

庭院中的梅花清新淡雅，画家一时竟不知从何处着笔，就坐在交椅上出神地向窗外呆望，以至于引来妻子的责骂："为甚情牵挂？"答曰："梅花是我，我是梅花。"这一问一答，摹态传神，生动地表现了作者对梅花的喜爱。

> 城市山林不可居,
> 故人消息近何如。
> 年来懒做江湖梦,
> 门掩梅花自读书。(王冕《题画诗》)

诗人终日与梅为伴,朝夕相处,读书赏梅,作赋吟诗。

> 白云堆里玉龙卷,
> 蜕作南枝历岁寒。
> 只恐随风复飞去,
> 故留疏影画图看。(金俊明《题梅》)

梅花如雪,花繁枝劲,为防被风吹去,故将其画在纸上,留在心中。

> 东邻满座管弦闹,
> 西舍终朝车马喧。
> 只有老夫贪午睡,
> 梅花开后不开门。(金农《梅十首》之一)

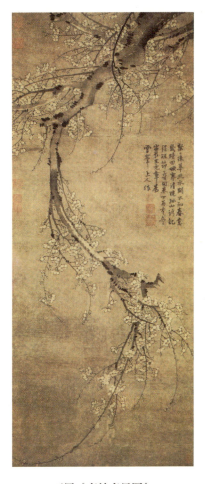

王冕《南枝春早图》

作者借梅抒情,既表达了自己不随波逐流的高洁志向,也体现了自己对梅的喜爱之情。

> 爱梅须高人,非人梅则辱……画梅须高人,非人梅则俗……我亦爱梅人,梅花绕茅屋。开始辄闭门,熟客无由目。巡檐看三更,或傍梅花宿。晨起写其真,涤研课童仆。花瓣貌匀圆,苔枝图屈曲。不求形似间,但取神韵足。落梅风急后,终日对横幅。(朱方蔼《话梅题记》)

历代名人与梅

梅花开时,闭门谢客,专心赏梅,甚至与梅同宿;晨起又摹梅风姿,写梅神韵;惜梅因风急而凋落,幸有画作得以时时品梅高格……如此爱梅,不可谓不痴。

另外,还有一些表达方式同样体现了诗人对梅花的钟情与喜爱。

我与梅花有旧盟,即今白发未忘情。(陆游《梅花》)

与梅岁岁有幽期,忘却如今两鬓丝。(陆游《山亭观梅》)

春欲来时,长是与、江梅花约。(程过《满江红·梅》)

寻梅有约喜新晴,便觉青鞋布袜轻。(汪士慎《咏梅四首》之一)

这是"盟"。

孤灯竹屋霜清夜,梦到梅花即见君。(张道洽《对梅》)

老夫高卧石窗下,赢得清香入梦频。(王冕《素梅五十八首》之一)

莫道还乡多乐趣,连宵清梦绕梅花。(张和《忆梅》)

百花与我无交涉,独许寒香到枕来。(释行溗《枯干开梅》)

这是"梦"。

老夫潇洒归岩阿,自锄白雪栽梅花。(王冕《梅花》)

买田筑室老西湖,密种梅花八千顷。(唐寅《梅花》)

侬自携锄君抱瓮,一庭明月种梅花。(姚倩《东瀛寓园有松柏数十株,傍余隙地一弓,以梅花补之》)

这是"栽"。

君自故乡来,应知故乡事。

来日绮窗前,寒梅著花未。(王维《杂诗》)

三年不见远江梅,长到梅时把酒杯。(田锡《忆梅花》)

这是"思"。

第三章　翰墨画梅

　　梅花，冰清玉洁，傲霜斗雪，先众木而花，先天下而春，赢得了历代文人墨客和人民大众的喜爱。千百年来，历代文人画家不但创作了众多风格迥异的梅画精品，还系统地总结出一套行之有效的画梅理论和技法，影响深远。

一、历代梅谱

1. 梅谱类别

　　有关画梅的论述，浩如烟海，形式各异。概括起来，主要有以下几种形式：

（1）以文立谱。

时代	著述名称	著述者简介
宋	《华光梅谱》	仲仁（生卒年不详），浙江绍兴人。北宋元祐年间寓居衡州华光寺，人称"华光长老"，始创墨梅画法，有"墨梅鼻祖"之称
元	《梅谱》	王冕（1287—1359），浙江诸暨人。出身贫苦家庭，小时曾放过牛。屡举进士不第，弃去，携妻隐居九里山。工墨梅，千花万蕊，自成一格

· 历代名人与梅 ·

（续表）

时代	著述名称	著述者简介
元	《松斋梅谱》	吴太素（生卒年不详），浙江绍兴人。精鉴赏，擅画山水，尤以墨梅为佳
明	《论画梅》	宋濂（1310—1381），浙江浦江人。元末明初文学家
明	《小霞梅谱》	沈襄（生卒年不详），浙江绍兴人。工梅竹，尤工墨梅，枯润咸有天趣
清	《题画梅》	查礼（1716—1783），河北宛平人。书法、山水、花鸟俱佳，尤擅画梅
清	《画梅题记》	朱方蔼（1721—1786），浙江桐乡人。能山水，兼工花卉，晚年尤擅画梅
当代	《论画梅》	于希宁（1913—2007），山东潍坊人。善花鸟、山水、人物与诗文、篆刻，尤擅画梅

（2）以图立谱。

时代	著述名称	著述者简介
宋	《梅花喜神谱》	宋伯仁（生卒年不详），河北广平人。擅画梅
清	《竹波轩梅册》（又名《后梅花喜神谱》）	郑淳（生卒年不详），浙江镇海人。清嘉庆、道光年间著名画家，尤擅画梅

（3）以文与图立谱。

时代	著述名称	著述者简介
清	《画梅浅说》	王概（1645—约1710），浙江嘉兴人。与其弟王蓍、王臬合编《芥子园画传》

（续表）

时代	著述名称	著述者简介
清	《梅谱》	王寅（1832—？），江苏南京人。诗、书、画俱能，著有梅、兰、竹、石等谱

（4）以诗立谱。

时代	著述名称	著述者简介
宋	《梅谱》	赵孟坚（1199—约1264），宋宗室，太祖十一世孙，南渡后居浙江海盐。工诗，善书法、水墨白描、梅花、竹石等

（5）以诗与图立谱。

时代	著述名称	著述者简介
明	《雪湖梅谱》	刘世儒（生卒年不详），浙江绍兴人。专工画梅，人称"行年九十，画梅八十年"
清	《玲珑雪月山房画谱》	鲍莹（1842—？），安徽歙县人。工书画，晚年专擅写梅
清	《梅谱》	洪亮（约1870—？），福建福州人。诗书画皆工，擅长花鸟虫草，尤以写梅最著
近代	《痴洪梅谱》	洪毅（1888—约1953），福建福州人。洪亮之子，善书法，尤擅画梅

2. 梅谱的主要内容

历代梅谱，内容丰富，形式多样，对中国画梅理论与技法的形成、完善与发展起了重要的作用。归纳起来，主要有以下几个方面：

（1）强调形神兼备。

中国传统的写意画向来讲究追求神似重于形似，画梅亦如此。

• 历代名人与梅 •

梅谱要求画家对梅花要有特殊的感受,借梅花之景,抒自己之情。要注意将客观物景与画家情感完美结合,不但要画出现实中的梅花,而且要画出理想中的梅花,写出文人意趣。在形似方面,《华光梅谱》将梅分为枯梅、新梅、繁梅、疏梅等10种,并强调"十种梅花木,须凭墨色分。莫令无辨别,写作一般春"。在神似方面,《华光梅谱》提出写梅时要有"泣露含烟,如愁如语,傲雪凝寒"之感;又曰:"枝多花少,言其气之全也。枝老而花大,言其气之壮也。枝嫩花细,言其气之微也。"吴太素在《松斋梅谱》中指出:

夫梅之可贵者,以其霜雪凌厉之时,山林摇落之后,突兀峥嵘,挺然独立,与松柏并操,非凡草木之所能比拟也。

高简《墨梅图》

宋濂在《论画梅》中也指出,梅花"负孤高伟特之操",如果与凡禽俗卉画在一起,就好像把梅花置于"泥涂之中"。上述这些观点就是要求画家应充分理解梅花的精神本质,并努力写出梅花的

"神韵"、"气质"。正如于希宁在《论画梅》中所指出的那样:

> 最为贵者,当以我心取事物之内质而不仅仅于外观。故谓之曰:铁骨其本,其性自纯;莹莹有意,皎皎无尘;意赅形简,标出丽魂;霜辱雪欺,抱朴存真。

进一步阐述了表现梅花气质的重要性。

(2)注重人品修养。

古人论画,非常重视画家的人品、气质、学问诸方面的修养,认为此是评价作品的重要依据。查礼在《题画梅》中说,"书画佳而人品不正者,必为人所弃","士必先端品而后可以言艺也";他还进一步谈道:"余性好画梅,梅于众卉中清介孤洁之花也,人苟与梅相反,则愧负此花多矣。讵能得其神理气格乎?"这是说,梅花的特征是清雅孤洁,如果画家的人品与之相反,是表现不出梅花的精神

吴昌硕《霜中能作花图》

气质的。正所谓:"画梅须高人,非人梅则俗。会稽煮石农,妙笔绘寒玉。"(朱方蔼《画梅题记》)于希宁在《论画梅》中专门有一节谈加强自我修养的重要性:"所谓'画如其人,文如其人'之说,整个中国绘画史都贯穿着这一美学观点。""绘画作品的艺术美,主要是来自画家的人品、气质,画家的灵魂美、风格美。如果一个画家思想龌龊,人格低下,是不可能创作出好的作品的。"

（3）讲究笔墨技巧。

各家梅谱中，有大量的篇幅论述用笔用墨的重要性。因为梅花的枝干花梢、意境神韵，无不通过画家的笔墨来表现。赵孟坚在《梅谱》中谈道：

浓写花枝淡写梢，

鳞皴老干墨微焦。

笔头三踢攒成瓣，

珠晕一圆工点椒。

吴太素在《松斋梅谱》中论述道：

墨者精神之用也，墨法不明则卤莽矣，其可忽诸？夫初学时研弄未熟，而使浓处反淡、枯处反燥者，皆由施墨水不得其宜，而精神并失之也。学者于此，苟能昼夜不厌，久而愈熟，则自然至于妙矣。

文徵明《冰姿倩影图》

进一步阐述了笔墨的重要作用及熟能生巧的自然规律。沈襄在《小霞梅谱》中写道：

起笔高擎三指低，长梢去似鹊惊枝。

横斜大干须枯健，著蕊填花要得宜。

月淡黄昏须水墨，雪中不点藏心黑。

都是谈论笔墨技巧。查礼在《画梅题记》中论述道：

画梅家有用浓墨者，有用淡墨者，有用燥笔者，有用湿笔者。一幅之中，浓淡相间，一卷之内，燥湿并行，均无不可。然必求其脱，而后为上乘。（脱，主要是指"活""生动"）……

画家写意必须有意到笔不到处，方称逸品。画梅者若枝枝相接，朵朵相连，墨迹沾纸，笔笔送到，则刻实板滞，无足取矣。进一步阐述了运用笔墨的技巧及其重要性。

二、艺术风格

1. 历代画梅名家

梅花入画，起于唐，盛于宋，至南宋时已逐渐形成了独立的画科。

宋代的画梅名家主要有仲仁、扬无咎、汤叔雅等。仲仁的突出贡献在于首创水墨画梅。扬无咎得仲仁画法而又有所创新和发展，改墨晕花瓣为墨笔圈线，更能表现梅花疏淡清雅之特性。

元代写梅，是仲仁、扬无咎的继续。这一时期，蒙古族入主中原，许多文人画家不满被奴役、被统治，纷纷以诗文书画来抒发内心的抑郁不平，因而使这一时期的文人画得以迅速发展。元人绘画重在取意，清淡雅意是这一时期绘画艺术的主流风格。元代擅画梅的名家主要有钱选、赵孟頫、吴镇、倪瓒、邹复雷、王冕等。王冕属于其中的佼佼者。

明代喜欢画梅者众多，其中值得称道者主要有陈录、王谦、文徵明、陈继儒、陈淳、徐渭等。尤其是陈淳、徐渭，在花卉画中加强了写意笔墨，把文人画推向了一个新的高度，也给画梅带来了新的面貌。

王冕《墨梅图》

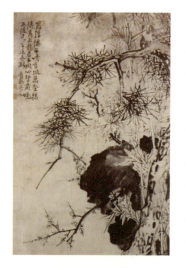

徐渭《三友图》

到了清代,尤其是清代初年,画梅逐渐进入了程式化,作品的格调明显不如宋元画家笔下的梅花。尽管如此,清代还是涌现出一大批杰出的画梅名家。如明末清初的石涛、八大山人,清代中期"扬州画派"的金农、罗聘、汪士慎、黄慎、李方膺,清代后期的汤贻汾父子以及黄易、钱杜、顾鹤庆,清末"海上画派"的虚谷、吴昌硕等画家,皆长于写梅。

金农《梅花图册》之一

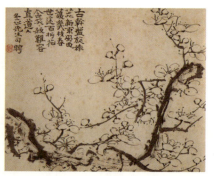

罗聘《梅花册》之一

近现代写梅者,尤其是新中国成立以来,可谓人才济济,大家辈出,主要有齐白石、潘天寿、徐悲鸿、刘海粟、黄宾虹、董寿平、关山月、李苦禅、于希宁等。他们的探索与实践给画梅带来了无限生机和光辉前景。

2. 主要艺术风格

历代画家以其对梅花独特的感悟和深刻的理解,创作了数以千万计的画梅精品。这些作品有的淡雅,有的超逸,有的清奇,有的冷隽,有的清丽高古,有的古朴拙劲,有的洒脱自在,有的清气逼人，可谓千姿百态，风格迥异，内涵深刻，意蕴丰富。为便于欣赏或借鉴，现将其主要艺术风格概述如下：

（1）简约。

简约，即简练、精当、概括。明代画家恽本初云："画家以简洁为尚。简者简于象，非简于意。简之至者，缛之至也。"清代画家恽寿平云："画以简贵，如尚简之微，则洗尽尘滓，独存孤迥。"现代画家徐悲鸿把"练"与"简"称为中国绘画艺术的最高境界，他说："杰作中最现性格处在练，练则简，简则几乎华贵，为艺之极则矣。"因此，许多画家画梅都以精练的笔墨、简约的空间来表现深邃的意境，抒发丰富的思想感情。如元代的吴镇，明末清初的弘仁、八大山人，清代的高翔、李方膺、伊秉绶等，其作品都体现了这一艺术风格。

吴镇（1280—1354），浙江嘉善人，元代著名画家，因酷爱梅花，自号"梅花道人"、"梅花和尚"、"梅沙弥"等。吴镇禀性孤洁，博学多才，终生不仕，工诗文、书法，擅画山水、梅竹，强调笔墨技巧，

吴镇《梅花图》

历代名人与梅

注重刻画物象特征。他所画之《梅花图》，图中画梅一枝，花开数朵，主干中锋用笔，遒劲挺拔，用笔简约而生动。两枝新条一挥到顶，更彰显出老梅的勃勃生机。画家以寥寥数笔将梅花的形态和精神充分地刻画出来。

弘仁《墨梅图》

弘仁（1610—1664），安徽歙县人，"新安画派"的奠基人。擅长画山水，亦擅画梅，其特点是笔简墨淡，构图洗练，看似清简淡远，实则雄伟沉厚，有简逸之美。他所画之《墨梅图》，图中梅花主干从画底倾斜而出，然后垂直向上延伸，顶部分为两枝，一枝折转向下延伸，一枝直冲画顶。梅花疏疏落落，点缀其间，在苍劲的枯干衬托下越发显得清新幽雅。画家自题诗"庭空月无影，梦暖雪生香"于画面中，使全图疏密、虚实恰到好处。整幅作品简洁的构图与洗练的笔法进一步体现出诗意中的空寂和梅花疏枝细蕊、冷艳寒香的韵致。

比弘仁稍晚一些的八大山人朱耷是清初画坛的写意大师。他少年应科举，荐为诸生；明亡后，国毁家亡，心情悲愤，落发为僧。朱耷一生历经坎坷,性格孤僻倔强,常借诗书画印来宣泄内心世界。其画风着墨简淡,运笔奔放,布局疏朗,意境空旷,追求用高度简练的笔墨表现最丰富的内容,寄托最丰富的情感。其《墨梅图》就是这方面的代表。画面上绘梅一枝,梅花四朵,从造型到构图,再到笔墨技巧,都达到了出神入化的境界。朱耷笔简意赅的大写意画风在这里得到了充分体现。

八大山人《墨梅图》

清代画家高翔(1688—1753),是"扬州八怪"之一,一生布衣,以卖画为生。善山水花卉,尤工写梅。绘画取法石涛与弘仁之间,并在此基础上变化出新,形成了自己清奇高古、简练秀雅的画风。《梅

历代名人与梅

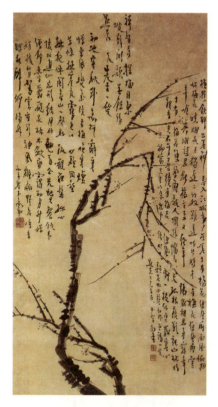

高翔《梅花图》

《梅花图》是高翔雨中探梅后所画的一幅作品，较典型地反映了高翔的绘画风格。乾隆六年（1741）春，高翔与汪士慎等好友到扬州禅智寺探梅。当时，雨下得很大，但由于访梅心切，高翔和诗友们便打着雨伞，在山坡上观赏雨中寒梅。回到僧房后，高翔铺开宣纸，画了这幅《梅花图》。该图笔意生拙，铁干横斜，稀疏的梅枝，半开的花朵，再加上款题诗句洋洋洒洒，疏疏落落，如春雨潇洒，布满了画面，使梅花如在风雨中，别具一格。正如金农所说：高翔的画法是以其少少，胜人多多。

清代画家李方膺（1695—1755）出身官宦之家，曾任山东乐安（今广饶）、兰山（今属临沂）知县，代理滁州知府等职，后因遭诬告被罢官，寓居南京借园，以卖画为生。工诗文书画，善梅、兰、竹、菊、松、鱼等。其画笔苍劲老厚，剪裁简洁，不拘形似，活泼生动。李方膺爱梅成痴，平时最爱画梅，他说自己的知己除

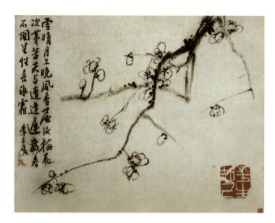

李方膺《花卉图册》之一

了袁枚,就是梅花。因此,他画的梅花,无论"大幅及小笔写生,全以胸中灵气行之"(李方膺语)。他所画之《梅花图》,枝条疏朗,古茂朴质,纯以老疏取胜,表现出梅花"不知屈曲向春风"(李方膺诗句)的品格。又如李方膺《花卉册页》中的几幅梅花,均是折枝梅,但皆不取繁花密枝,而以疏简为胜。正是通过这寥寥数笔,表现出梅花富有情韵,令世人爱不释手。

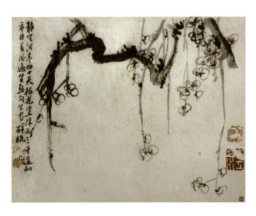
李方膺《花卉图册》之一

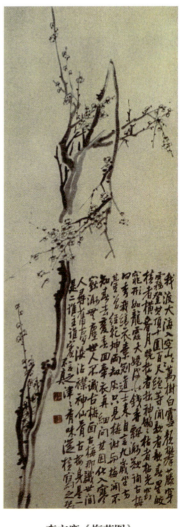
李方膺《梅花图》

清代书法家伊秉绶(1754—1815),福建汀州(今长汀)人,乾隆五十四年(1789)进士,曾任惠州、扬州知府等职。伊秉绶工书法,亦画山水花卉,笔锋简淡古香,不泥成法。所作以墨梅居多,但绘画作品流传下来的很少,世人很难得以窥其画作。其所存世之《墨梅》,独笔一枝,冠盖全扇,笔墨洗练而意境深邃,给人留下无穷的回味。

伊秉绶《墨梅》

（2）繁密。

清代画家朱方蔼在《画梅题记》中指出：

宋人画梅，大都疏枝浅蕊，至元煮石山农（王冕号）始易以繁花，千丛万簇，倍觉风神绰约，珠胎隐现，为此花别开生面。

的确，王冕正是这方面的典型代表。

王冕（1287—1359），元代诗人、画家，浙江诸暨人。早年的王冕曾专门研究孙吴兵法，学习击剑，也曾参加过进士考试，常以伊尹、吕尚、诸葛亮自喻，想做一番惊天动地的事业，但蒙古贵族统治者的政治腐败和歧视汉族知识分子的残酷现实使他下决心改途易辙，携妻到九里山建造了几间茅屋，周围种上梅花、竹子、禾蔬等，咏梅、画梅，读书劳作，过起了隐居生活。王冕对梅花有一种特殊的感情，梅花在他心目中是高洁飘逸、隽秀脱俗的君子的象征。在梅花的世界里，王冕找到了自己的知音，找到了实现自我价值的最佳方式，即以密体画梅、以密取胜之法。如王冕所画之《南枝春早图》，老干新枝，昂扬豪放，劲峭冷香，尽显梅花的峻傲风骨。画中以飞白法画枝干，自下而上，一气呵成。图中枝繁花茂，但繁而不乱，疏密有致，别出新意。又如《墨梅图》，这是王冕繁花密蕊风格的典型代表。画面梅枝成倒挂之势，枝条生长茂盛繁密，交错伸展，枝头花朵，有的含苞待放，有的花蕾初绽，有的盛开怒放，千姿百态，犹如万斛玉珠洒落在银枝上，洁白的花朵与铁骨铮铮的枝干相映照，生机盎然。此画一改宋人画梅疏枝浅蕊之风而以繁花万枝、千丛万簇胜出，更显风神绰约，别有韵致。

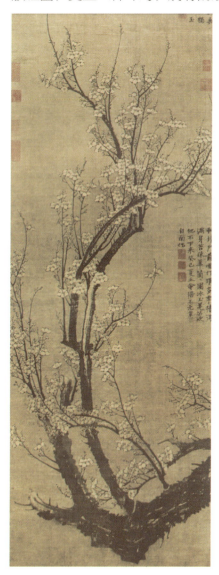

王冕《南枝春早图》

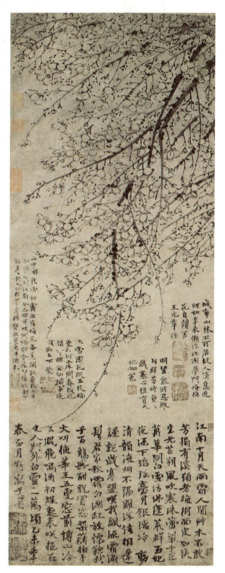

王冕《墨梅图》

• 历代名人与梅 •

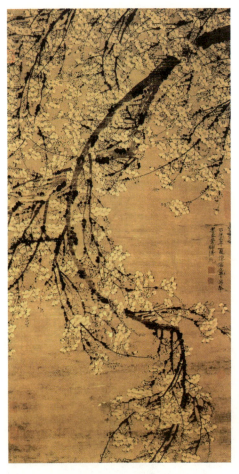

陈录《万玉图》

王冕之后,密型墨梅的画家又出现了很多,如陈录、王谦、金农等。他们尽管风格各异,但共同之处都是疏密有致、穿插得体,做到了"密而不滞"、"疏而不空"。

陈录和王谦都生活于明代中前期,又都是浙江人(陈录是绍兴人,王谦是杭州人),与王冕同乡,他们二人画梅都喜欢繁枝密干,千花万朵。陈录画梅,全学王冕,用密体写梅尤过于王冕。如《万玉图》,此梅写倒垂梅一株,枝由右上角横斜而下,到了中部又复向右折转,构成梅的总的动势。在构图上,百枝交错,千花万蕊,却穿插有序,密而不乱,给人烂漫怒放、生机勃勃之感。陈录的另一幅梅花图《万玉争辉》,梅干从左上角伸出,顺势而下,画面上"千枝万干,密而不塞,千花万蕊,理致分明,其百花怒放、欣欣向荣之势,使人如置身花的海洋,坠入香雪之中"(刘光祖、王林《写梅百家》)。

王谦起家儒士,与陈录齐名。他是一位专工梅的画家。他画的梅花,笔法苍古,枝柯如铁,千蕊万花,幽韵动人,将王冕墨梅技法提高到了一个新的阶段。其代表作《卓冠群芳图》,写老梅一株,老干粗犷雄浑，新枝劲挺向上，画面中冰花点点，晶莹剔透，苍劲中透出一股清新秀逸之气。

陈录《万玉争辉》　　　　　王谦《卓冠群芳图》

（3）苍劲。

俗话说"老梅花，少牡丹"，宋代范成大云："梅，以韵胜，以格高，故以横斜疏瘦与老枝怪奇者为贵。"（《范村梅谱》）明代王圻在《三才图会》中还提出"四贵"赏梅理论，即"贵稀不贵繁，贵老不贵嫩，贵瘦不贵肥，贵含不贵开"。这就是说，梅花以"老"为贵。历代画家画梅，以古老苍劲取胜者不乏其人。

南宋画家马远，擅画山水、花鸟、人物等，笔墨苍劲，气势矫健，独具匠心，如《梅石溪凫图》，溪边峭壁上，两株梅树枝干虬曲，一上一下，俯仰成趣。梅之劲与水之柔形成了鲜明的对比。又如《梅花小品》，虬枝数根，梅蕾点点，在寒云遮月背景的烘托下，更显示出梅花的劲瘦如铁，姿韵奇特。

马远《梅石溪凫图》

元代道士邹复雷工诗善画，尤精写梅，《春消息图》写横梅一枝，干用飞白画出，花用渍墨点成，枝条挺峭，花朵繁密，苍劲雄奇，烂漫凌俏。

邹复雷《春消息图》

明代画家刘世儒也是一位专工梅的画家：

（他）少时见王元章画梅而悦之，至废寝食……自言与梅花有夙缘，行年九十，画梅八十年。（王思任《梅谱序》）

文徵明称赞刘世儒"写梅之妙，妙在枝干，雪湖发干遒劲，有天然之处"。刘世儒代表作之一《晓梅图》，图中梅树老干苍劲有力，绽开的花朵清新淡雅，枝干断裂处，真实而自然，更显梅花的顽强生命力。

明代画家陆复，画梅宗法王冕，笔力挺劲，老硬如铁。他所画《雪梅图》，绘老梅一枝，从画面右下角冲出后屈曲向上，遒劲而老辣，古拙而生动。画家题于画中的"大雪围林僵叶木，老梅潇洒正开华"，更进一步突出了梅花傲霜斗雪、凌寒怒放的高尚品质。

刘世儒《晓梅图》

陆复《雪梅图》

• 历代名人与梅 •

陈淳《梅花水仙图》

明代大写意画家陈淳,用笔放逸洒脱,墨色淋漓,重在追求似与不似之间。如他所画《梅花水仙图》,老梅一株,居于画面的主要位置,枝干通过顿挫、飞白笔法画出,与梅树下几叶清秀的水仙相比,更见其古拙苍劲,韵味无穷。

八大山人朱耷是明宗室后裔,明亡后落发为僧,后还俗,不久又做了道士。他一生流离失所,寄情于笔墨。八大山人的绘画取法自然,又独创新意,师法古人,又不泥于古法,笔墨简练,以少胜多。他常怀着国破家亡的痛苦心情,借花鸟、竹木、山水来抒发对清朝统治者的不满和愤慨,以表现倔强傲岸的性格。《古梅图》作于1682年,图中绘古梅一株,树根无土,主干空裂,顶部向两边平伸的梅枝上盛开着数朵梅花。图中用笔多方硬折,遒劲有力,苍劲中有一种沉郁、冷寂之美。另外,作者在画面的上部用楷、行、草三种书体题诗三首:以自己所画梅花与元代画家吴镇的竹子作比,念念不忘复明大业;以露根梅仿效宋代画家郑思肖的露根兰,表达对明朝的怀念之情;以当年的赵孟坚自喻,对于清朝引诱前朝遗民变节做"贰臣"和那些趋炎附势之辈,愤怒地予以斥责和抨击……进一步表明了作者的高尚气节和斗争精神。

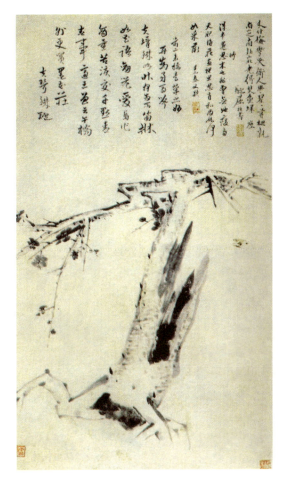

八大山人《古梅图》

清代画家高凤翰是"扬州八怪"之一,其山水、花鸟笔致奔放、纵逸,不拘成法。高凤翰晚年右臂病残,改用左手作书画,笔力老辣,构图古拙,作品更加朴拙有生趣。《层雪锻香图》即为高凤翰左手所为。老梅硬健古拙,新枝挺然直上,画面所题隶书"幽人之贞"与草书"香从锻炼来"更显老辣苍劲,别开生面。

李鱓也是"扬州八怪"之一,他的花鸟画用笔粗犷,任意挥洒。其所画《梅花图》,劲拙古朴,造型奇特,画幅上的长题满跋使画面内容更加丰富多彩。

高凤翰《层雪锻香图》　　　　　李鱓《梅花图》

清代文人、画家杭世骏,擅写梅竹,所画《梅花图》,主干从右下角横出分作两枝,一枝斜下,一枝斜上后回折,枝干多用飞白笔法,苍健有力,两根新条挺峭直上,更显梅花勃勃生机。全图给人以铁骨铮铮、不可压摧之感,令人鼓舞,催人奋发。

近代书画大师吴昌硕对梅花有着特殊的感情。据有关资料,其一生创作的作品中有近三分之一的题材是梅花。吴昌硕画梅,常喜欢以石为伴。他说:"石得梅而益奇,梅得石而愈清。"所画《红梅图》,几枝红梅横陈于山石前,花枝茂密,穿插交错,以草书笔法画石,更显石之秀雅拙朴,以篆隶笔法写梅,更显梅之清丽挺劲。

杭世骏《梅花图》　　　　　　吴昌硕《红梅图》

（4）清丽。

梅花以清癯见长，象征隐逸淡泊，坚贞自守，其清韵标格历来为文人、画家所钟爱。

南宋词人扬无咎，字补之，号逃禅老人，工诗词书画，尤善墨梅。他是继仲仁之后的又一墨梅宗师。补之画梅，讲究清高、淡泊的风韵，构图以疏雅为主，刻意表现梅的清韵。宋代赵孟坚在《梅谱》中云："逃禅祖华光，得其韵度之清丽。"后人亦称扬补之"疏枝冷叶，清意逼人"（解缙《跋五侍郎所藏扬补之梅》）。《四梅花图》又称《四清图》，是扬补之这一风格的具体体现。画分四段，一未开，一欲开，一盛开，一将残，用墨线圈花，用墨色的枯、湿变化表现其枝干的老嫩，构图疏朗自然，瘦枝冷蕊，全幅呈现出疏淡清雅的韵味。

扬无咎《四清图》之一　　　　扬无咎《四清图》之二

扬无咎《四清图》之三　　　　扬无咎《四清图》之四

南宋画家赵孟坚，集文人、士大夫、画家三种身份于一身，工诗善文，富收藏，擅画梅兰竹石。如他所画《岁寒三友图》，在结

赵孟坚《岁寒三友图》

满花朵的梅枝间,穿插夹杂着一根松枝和数片竹叶,用松针的灰和墨竹的黑来衬托梅花的白,整个画面清新脱俗,高雅秀丽。松、竹经冬而不凋,梅则凌寒而怒放。松、竹、梅历来被人们誉为"岁寒三友",此作品也表达了画家对松、竹、梅高尚品质的向往与追求。

唐寅是明代四大名画家之一。唐寅画梅,与他的其他画作一样,洒脱随意,格调秀雅。如他所画《清影图轴》,画一折枝梅,花朵随意点染,笔简墨练,画面上方自题诗一首:"黄金布地梵王家,白玉成林腊后花。对酒不妨还弄墨,一枝清影写横斜。"既表现了

唐寅《清影图轴》

萧云从《梅石水仙图》

文人画诗画结合的特点,也抒发了清高俊逸之气。

"姑孰画派"创始人萧云从,精诗文辞,擅写山水、人物、花卉,用笔清快,体备众法,自成其格。他所画《梅石水仙图》,冷逸荒率,清新绝俗,虽画梅石水仙,却突出癯梅、拙石,枝瘦蕊寒,倍感清逸之极。

明末清初画家金俊明工诗文,善书画,尤长于墨梅。如他所画《梅花图》,两枝梅花从右下角斜出,曲折穿插,枝疏花瘦,笔简墨清,余韵无穷。

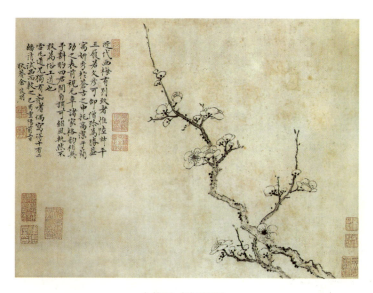

金俊明《梅花图》

清代书画家汪士慎画梅,以密蕊繁枝见称,也常画疏枝。但无论繁简,都浅淡秀雅,高洁清幽。如他所画《梅花图》,图中盘曲多姿的梅干与淡墨勾勒的花朵相映衬,给人以清风疏影、冷香四溢的感觉;又如《空里疏香图》,梅枝飘逸,疏花淡淡,题画诗"小院栽梅一两行,画空疏影满衣裳。冰花化水月添白,一日东风一日香"更增添了画面清淡秀雅之感。

 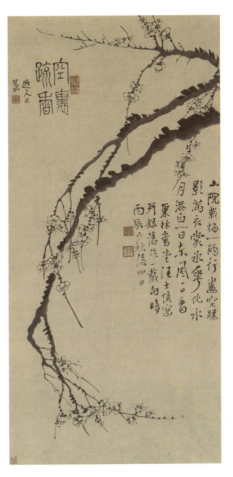

汪士慎《梅花图》　　　　　汪士慎《空里疏香图》

金农是"扬州八怪"的核心人物，清代画梅巨擘。金农画梅，最大的特点是既不沿袭古人，也不重复自己，而是师法自然，以梅为师。他所画梅花，有的繁花密萼，古香满幅；有的瘦如饥鹤，妙得自然；有的清如明月，寒气袭人。如其所画《梅花图》，是一直幅，画中花团锦簇，密如万玉，老干以淡墨湿笔画出，花朵细枝用笔俊秀，具古拙清绝之气。右上侧款识中有诗句"砚水生冰墨半干，画梅须画晚来寒。树无丑态香沾袖，不爱花人莫与看"，不仅丰富了画面，而且更突出了梅花玉洁冰清、超凡脱俗的品质。

 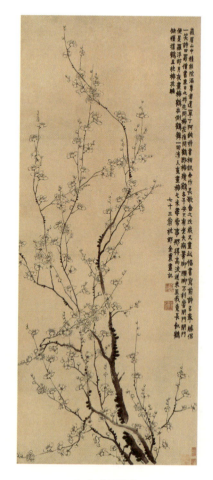

金农《梅花图》　　　　　　金农《墨梅》

（5）豪放。

豪放，主要指豪迈奔放的绘画风格。从历代画梅名家的主要代表作品来看，现当代画家潘天寿、关山月皆为其中的典型代表。

潘天寿（1898—1971），现代著名画家、美术教育家，历任艺专教授、校长，浙江美术学院院长，中国美术家协会副主席等职，一生著述颇丰。其绘画作品，无论是山水、人物，还是花鸟，最为鲜明突出的特征就是画面气势磅礴、雄奇壮阔，具有一种冲天的霸气，给人以极大的心灵震撼。《梅月图》是潘天寿生前最后一幅大画，创作于 1966 年春。画面中心一株刚劲苍老的梅树，开放着淡淡的花朵，盘旋着横过画面，在半遮云中的寒月下，更衬出这历经沧桑的老梅在与严寒岁月的搏斗中奋力拼搏，顽强生长。画中题诗"气结殷周雪，天成铁石身。万花皆寂寞，独俏一枝春"，更突出地表现了梅花笑傲冰雪的高尚品格。

潘天寿《梅月图》

关山月（1912—2000），"岭南画派"的主要代表人物，著名的美术教育家。擅长山水、花卉、书法，尤精画梅。他笔下的梅花，无论是红梅、白梅，还是墨梅，都枝繁花盛，色调饱满，充满活力，仿佛有勃勃生机扑人眉宇，给人以奋发向上的勇气和力量。如其于 1973 年创作的《俏不争春》，作品主题取自毛泽东的《卜算子·咏梅》。该图采用夸张的手法，使梅花的繁密灿烂几乎布满整个画面，有力地表现了梅花顽强向上、奋力拼搏的斗争精神。又如《国香赞》，是1987年关山月为人民大会堂创作的巨幅国画，作品完成后悬挂在人民大会堂东大厅后壁上。画面上老梅横斜，枝干粗壮，坚贞刚毅，铁骨铮铮，背景的高山流水和"铁骨傲冰雪，幽香透国魂"题款使整个画面更加浑厚奔放、雄奇壮丽。

（6）奇僻。

奇僻，即奇异、怪僻。潘天寿曾指出：

> 画事以奇取胜易，以平取胜难。然以奇取胜，须先有奇异之秉赋，奇异之怀抱，奇异之学养，奇异之环境，然后能启发其奇异而成其奇异。
>
> 以奇取胜者，往往天资强于功力。

可见，奇僻这一绘画风格的形成与画家的天赋、身世、性格、修养等因素有着密切的联系。

明末画家徐渭，浙江绍兴人，是大写意中国画的鼻祖。他一生坎坷，屡遭不幸：出生不足百天丧父，10岁时被迫与生母分离；自幼聪慧，名闻乡里，但自17岁开始一直到41岁，连续参加两次童试、八次乡试都屡试不举；25岁时痛失爱妻，后因到胡府（胡宗宪）做幕僚受牵连而精神失常；45岁时因疯病发作失手杀妻而锒铛入狱……一连串的不幸和遭遇，铸就了徐渭豪放不羁、傲然绝世的性格，并逐渐形成了笔墨纵恣、气势磅

徐渭《四时花卉图》

礴的大写意画风。徐渭的绘画，成就最高的是花卉和果蔬。花卉部分以梅兰竹菊和荷花、芭蕉居多，与别人不同的是，徐渭在表现这一题材时，时常把不同时令节气的植物花卉安排在一个画面上。如《梅花蕉叶图》，梅花和芭蕉本是生长于不同季节的植物，徐渭却把它们并置于一个画面。再看画面题句："芭蕉伴梅花，此是王维画。"原来，唐代王维曾画过一幅《袁安卧雪图》，图中的雪地里有一株碧绿的芭蕉。当时王维是化用"雪山童子，不顾芭蕉之身"的佛教典故以颂扬袁安高标独树的品格。徐

徐渭《梅花蕉叶图》

王维《袁安卧雪图》

渭仿照王维作此画则属借题发挥，是在抒发自己对世事的愤懑和不平。当然，画家爱梅也擅画梅："从来不见梅花谱，信手拈来自有神。"（徐渭《题画诗》）这里同样也表明了画家对梅花的颂扬和赞美。徐渭类似题材的作品还有，比如《三清图》等。这类题材的表现形式既体现了画家自己"性与梅竹宜"（徐渭语）的高洁品性，也反映了画家敢于突破常规的主观能动性和创造力。

徐渭《三清图》

比徐渭稍晚一些的画家陈洪绶，也以奇僻的画风而闻名于世。陈洪绶是浙江诸暨人，出身于没落的官宦世家，自幼勤奋好学，少年时就在画坛上崭露头角。然而，陈洪绶也是一生坎坷：9岁时父亲因病早逝；不满20岁时祖父与母亲又去世；哥哥一心想鲸吞家产，陈洪绶便将自己的那份拱手相让，离家出走；后寓居绍兴，专心绘画,以卖画为生。巧合的是,陈洪绶到绍兴后,就借住在徐渭的故居——青藤书屋。徐渭狂放不羁的性格正与陈洪绶的孤高性格相合,加之徐渭与陈洪绶的父亲为忘年之交,故陈洪绶在自己屡试不第、故国破亡之时,选中此地幽居,不是偶然的。陈洪绶擅画人物尤其是仕女、花卉、草虫、山水等,无论哪种题材,都喜欢用夸张的手法,造型奇崛怪诞。如《梅石图》,一株古梅立于石旁,许多枝干被截,疮孔斑斑,数朵梅花,冒着严寒,傲然开放,表现了梅花的刚毅品格。整幅作品构图简洁独特,为历代画梅中所罕见。又如《梅花山禽图》、

陈洪绶《梅石图》

陈洪绶《梅花山禽图》

《梅石蛱蝶图》等，画家将枝干粗细的差距加以夸大，几乎完全不成比例，曲折的枝干、危立的湖石，画家也作了巧妙的布置，寓变化于均衡之中，充斥着浓郁的特殊风格。

前已述及的明末清初画家金俊明，工墨梅，其主要风格为疏花细蕊，风姿翩翩，但他又有一幅《藤梅图》，独创一格，别有新意：藤条缠绕，垂缨片片，新颖独特，意趣无穷。

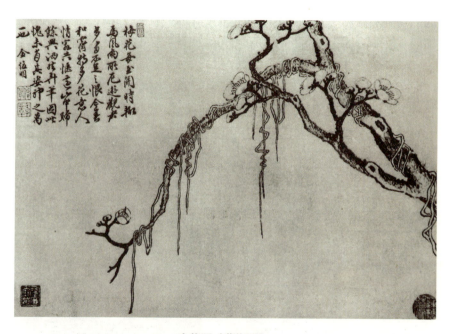

金俊明《藤梅图》

第四章　别号用梅

中国历史上，许多文人雅士除了自己的本名、表字以外，还有为自己起号（号是人的别称，故又称"别号"）的雅兴。号是自己起的，它不像姓名、表字那样受家族、宗法以及行辈等因素的限制，所以能够自由地抒发和标榜自己的志向和兴趣等。因此，许多喜欢梅花的高雅之士便将"梅"字或与梅有关的词嵌入自己的别号之中。

纵观历代咏梅的别号，概括起来看，主要有几种类型，下面分别述之。

一、与梅同化　物我两忘——以梅字名之

因为爱梅，许多名人以梅自况，直接用梅名其号，达到了与梅同化、物我两忘的境界。

此类别号，主要有四种情况：

1. 以"梅"名其号

唐虞（1231—1293），字常道，号梅癯（癯：瘦。梅癯即癯梅、瘦梅）。安徽歙县人。工诗文。明代王圻《三才图会》云："梅有四贵，贵稀不贵繁，贵老不贵嫩，贵瘦不贵肥，贵含不贵开。"

吴龙翰（1229—?），字式贤。安徽歙县人。工诗。家有老梅，因以古梅为号。著有《古梅吟叶》。

· 历代名人与梅 ·

萧云从——"钟山某（梅）下僧"

萧云从（1596—1673），字尺木，号默思、江梅、梅石道人、梅主人、钟山老人、钟山梅下僧等。安徽芜湖人。明末清初著名画家、"姑孰画派"创始人。擅画山水，兼工人物。著有《离骚图》《太平山水图》《梅花堂遗稿》（诗集）等。

姚宋（1648—1721），字雨金，一作雨京，号野梅。安徽歙县人。工画人物、花鸟、鱼虫、兰竹等。传世作品主要有《黄海松石图轴》《溪山茅亭图轴》等。

姚宋——"野某（梅）"

谢道承（1691—1741），字又绍，号古梅。福建福州人。康熙六十年（1721）进士，官至内阁学士兼礼部侍郎。著有《二梅亭集》《砚史》等。

朱振采（1775—1842），字冕玉，号铁梅。江西高安人。博闻强记，富藏书。著有《服氏左传解义疏证》等。

姚燮（1805—1864），字梅伯，号复庄、野桥、大某（楳）、大梅山民、疏影词史、疏影楼主、二石生等。浙江宁波人。善诗词、曲、骈文，长于绘画，尤工画梅。姚燮一生爱梅，自称"一生知己是梅花"。其大某、大楳（某、楳皆是梅的古体字）等别号的出典，据包芝江先生《一生知己是梅花——姚燮嗜梅成癖》一文可知：大梅是山峰名，坐落在浙江宁波北仑区下邵村和鄞州区五乡镇交界处。据《鄞县志》《镇海县志》等典籍记载，远古时，山中有一株巨大的梅花树，每逢冬末春初，梅花的清香漫山遍谷……到了

姚燮——"大梅山民"

三国时期，吴帝孙权听说这株大梅后，下令砍伐。主干一锯为三：上截用作会稽山大禹祠主梁；下截原准备运往吴国首都建业（今江苏南京）构筑点将台，后因故未能运走，在山中放置了600余年，直至唐代大和七年（833）才被明州鄞县县令王元玮选中，深深地瘗入鄞江水底，垫作山堰堰梁；中间那截最有灵性，自行飞抵甬江水湄，化作一段抵御惊涛骇浪的江堤。这段防波堤被后人称作"梅墟"。出于对远古那株梅树的眷恋，嗜梅成痴的姚燮遂以梅伯、大梅等作为自己的别号。

魏燮均（1812—1899），字子亨，号铁梅、九梅居士、九梅逸叟、九梅村主人等。辽宁铁岭人。田园诗人、书法家。著有《九梅村诗集》《香雪斋笔记》等。

秦敏树（1828—1910），字林屋，一字散之，号雅梅，晚号散叟、冬木老人。江苏苏州人。工山水，善篆刻。

濮文暹（1830—1909），原名濮守照，字青士，号瘦梅子。江苏溧水人。熟谙诗、书、经、史，工刀槊艺术。著有《见在龛集》等。

华喦《山雀爱梅图》

宣鼎（1832—1880），字子九，又字素梅，号瘦梅，又号邅遏书生、金石书画丐等。安徽天长人。晚清小说家、戏剧家、诗人、画家。著有《夜雨秋灯录》《返魂香传奇》等。

清代王溶，字润苍，号鹤艇，自署老梅。安徽黟县人。工山水。

清代计保斋,号梅癯。浙江嘉兴人。善书。

清代冯茂椿,号瘦梅。浙江慈溪人。工诗。

清代况仙根,初名桂本,号幼楳,自号味道人。广西桂林人。工书,善刻印。

清代吴兆楠,字朴园,号小梅。江苏高邮人。工篆隶。

清代吴镔,号二梅。浙江海盐人。工画。

清代李辅耀,字补孝,号幼梅,晚号和定居士。湖南湘阴人。博学,工诗善画,尤善八分书,精篆刻。

李渔《墨梅图》

清代翁苞封,字竹君,号石梅。江苏常熟人。善书,工篆刻。

清代查世燮,原名琳,字冬生,号少梅。浙江海宁人。工人物、花鸟,兼工篆隶。

庆珍(1870—1940),字伯儒,号铁梅。北京人。工诗。

侯鸿鉴(1872—1961),字葆三,号铁梅、梦狮等。江苏无锡人。教育家、藏书家。著有《古今图书馆考略》等。

林承弼(1873—1925),字兰沧,号铁梅、铁梅居士。福建福州人。工刻印,善篆隶、花鸟等。

洪毅(1888—约1953),字宽孙,号癯客、梅花尹令。福建福州人。善书法,尤擅写梅,著有《痴洪梅谱》。梅花枝条清癯,色彩淡雅,人们往往以癯客、癯仙、癯梅、梅癯等来赞美梅花隐逸淡泊、坚贞自守的高尚品格。癯客在这里可理解为"瘦梅"。

张志鱼（1891—1961），字通玄，号瘦梅、寄斯盦主。北京人。能治印，精刻竹。

田鹤仙（1894—1952），原名田世青，字鹤仙，号梅华主人、荒园老梅。画瓷名家。先攻山水，后改画梅，并以画梅独步画坛。

瞿秋白（1899—1935），少年时代曾自号雄魄、铁梅、涤梅等。江苏常州人。中国共产党早期主要领导人之一，散文作家、文学评论家。

恽寿平《五清图》

万德涵（1903—？），后改名万枚子，号双呆（双呆即"槑"，古梅字）。湖北潜江人。工文史。

卓安之（1929—1994），号芝山人笑梅。江西鄱阳人。工画，擅长青花釉里红装饰，被誉为陶瓷美术家、"梅花大王"等。

2. 以梅代词名其号

清代王贻燕，字翼安，号扶斋、香雪。上海人。精篆刻，工诗，能书。著有《香雪山房遗稿》等。

清代顾海，字静涵，号香雪。江苏常熟人。善书，工人物、山水。香雪是用来赞美白梅的。白梅色白如雪，香气怡人，故被人们誉为"香雪"。

金心兰（1841—1909），字心兰，号冷香，又号瞎牛、瞎牛庵主，自署冷香馆主人等。江苏苏州人。工山水花卉，尤擅画梅。

马叙伦（1885—1970），字夷初，号寒香、石翁，晚号石屋老人。浙江杭州人。善诗文，工书。著有《论书绝句二十首》、《说文解字研究法》等。

沈锡华，字问梅，号疏影，亦作疏景（同"影"）、疏景主人。浙江海盐人。工书，善古文。宋代林逋有"疏影横斜水清浅，暗香浮动月黄昏"句，被誉为咏梅千古绝唱。后"疏影""暗香"多被用为梅花的代称。

3. 以梅加称谓名其号

吴镇（1280—1354），字仲圭，号梅花道人、梅道人、梅沙弥、梅花庵主、梅花和尚等。浙江嘉善人。元代四大名画家（其他三位是黄公望、倪瓒、王蒙）之一。工山水。著有《梅花庵稿》《梅道人遗墨》等。

王冕（1287—1359），字元章，号煮石山农、饭牛翁、梅叟、梅翁、梅花屋主等。浙江诸暨人。元末画家、诗人。出身农家，自幼好学，白天放牛，晚上借佛殿长明灯夜读，终成通儒。诗多描写田园生活，工墨梅，亦善竹石，书法、篆刻皆自成风格。著有《竹斋诗集》等。

杨维祯（1296—1370），字廉夫，号铁崖、铁笛道人，又号铁心道人、梅花道人等。浙江诸暨人。元末明初著名文学家、书画家。著有《东维子

王冕《墨梅图》

第四章　别号用梅

文集》《铁崖先生古乐府》等。

浦源（1344—1379），号梅生。江苏无锡人。工诗善画。

元代张应雷，号梅轩。江苏镇江人。精医术。

元代智浩，号梅轩。籍贯不详。善墨竹。

许自昌（1578—1623），字玄佑，号霖寰，又号去缘，别署梅花主人。江苏苏州人。明代戏曲家、文学家。著有《水浒记》《秋水亭诗草》等。

李元鼎（1595—?），字吉甫，号梅公。浙江吉水人。明天启二年（1622）进士，官至光禄寺少卿等。工诗，著有《石园全集》。

明代刘宇，号梅仙。江西大庾人。

明代刘四柱，号梅花主人。江苏淮阴人。

明代何伟然，字仙臞，号西湖仙郎，一号梅臣。浙江杭州人。工文辞，善书。

王谦《冰魂冷蕊图》

明代李颖，字士英。福建宁化人。读书好古，尤工吟咏。隐居梅坡，因号梅隐、梅隐先生。

明代沈太洽，号梅痴。浙江杭州人。精医术。

明代陆复，字明本，自号梅花主人、梅花庄主人。江苏吴江人。善墨梅。

明代周恭，字寅之，号梅花主人。江苏昆山人。能诗文，尤好方书，精通医理。著有《增校医史》《医效日钞》等。

明代林曰本，字原长，因楹边多梅，故人称梅隐。善诗歌，亦善书。

明代高映斗，号梅花逸叟、梅溪逸叟。安徽池州人。

明代程尚质，号梅友。河南新安人。

明代萧云从（见本章《别号用梅》之《以"梅"名其号》），号梅主人、钟山梅下、钟山梅下僧等。关于"钟山梅下"这个别号，萧云从在《钟山梅下诗》"序言"中写道，自己性爱梅花，钟山（即南京紫金山）山角南坡梅花甚盛，他年轻时曾来此观赏梅花。当时还曾遇到皇室的贵族王孙，他们在此筑有亭阁数间，还引领自己登阁观赏钟山的梅花胜景，仰望明太祖的陵寝。入清之后，萧云从"复往访之，鞠为茂草矣"，表现了他对大明江山的怀念之情。

渐江（1610—1664），俗姓江，名韬、舫，字六奇、鸥盟，为僧后名弘仁，自号渐江学人、渐江僧、梅花古衲、梅花老衲等。安徽歙县人，明末清初画家，"新安画派"开创大师。工诗书，爱写梅。主要作品有《黄山图册》《断崖流水图轴》等。

徐眉（1619—1664），本姓顾，名媚，字眉生，南京名妓。后适龚鼎孳为妾，改姓徐，号横波，又号智珠、梅生。善音律，工诗画。

梅清（1623—1679），字渊公，号瞿山，别号梅痴、梅楞等。安徽宣城人。"黄山画派"代表人物，善诗能书，亦精于画梅。

梅清——"梅痴"

阎兴邦（1635—1698），字涛仲，号梅公。河北宣化人。官至贵州巡抚，有政声。工诗，著有《冰玉堂集》。

石涛（1641—约1707），原姓朱，名若极，法名原济，一作元济，号石涛、大涤子、清湘陈人，又号苦瓜和尚、济山僧、梅花道人等。广西全州人。明末清初画家，中国画一代宗师。工书法，能诗文。存世作品有《搜尽奇峰打草稿图》《山水清音图》，著有《苦瓜和尚画语录》等。

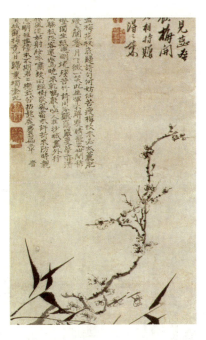

石涛《梅竹图》（局部）

杨晋（1644—1728），字子和，号西亭，自号谷林樵客、鹤道人，又署野鹤、雪阁箊梅人等。江苏常熟人。善山水，工农村景物，尤长于画牛。

丁敬（1695—1765），字敬身，号砚林，又有钝丁、清梦生、梅农等别号。浙江杭州人。工诗能书，尤精篆刻，为"浙派"开山鼻祖。著有《武林金石录》《砚林集拾遗》等。

梁瑛（1707—1795），字英玉，号梅君，又号谷梁氏。浙江杭州人。能诗，性喜梅。著有《字字香》（集古人咏梅句成书）。

孙髯翁（1711—1773），字颐庵，号髯翁，喜种梅，自称"万树梅花一布衣"。祖籍陕西三原，寄籍昆明。能诗工画，博学多识，蔑视科举，一生不试。清乾隆年间撰写昆明大观楼长联，被誉为"天下第一长联"。

张九钺（1721—1803），字度西，号紫岘、梅花梦叟、罗浮花农等。

· 历代名人与梅 ·

沈铨《群仙祝寿图》

湖南湘潭人。工诗文、戏曲。著有《陶园文集》《诗余》等。

铁保（1752—1824），字冶亭，号梅庵，亦号梅翁、铁卿等。北京人。能诗，工书。

沈复（1763—1825），字三白，号梅逸。江苏苏州人。工诗画、散文，著有《浮生六记》。

宋鸣琦（1763—1840），字步韩，号梅生，又号云墅等。江西奉新人。乾隆五十二年（1787）进士，工诗，著有《心铁石斋诗集》。

陈寿祺（1771—1834），字恭甫，号左海、梅修，晚号隐屏山人。福建福州人。嘉庆四年（1799）进士，能文工诗，著有《左海全集》等。

徐培琛（1779—1858），字资之，号松泉，又号梅花主人、梅花道人。贵州石阡人。嘉庆二十二年（1817）进士，曾授江南道监察御史，性格刚直不阿，后因直谏忤上罢官，辞归扬州，受聘主扬州梅花书院讲席，因号梅花主人。

冯承辉（1786—1840），字少眉，号眉道人、梅花画隐等。上海人。善书画，精篆刻。著有《古铁斋词钞》《古铁斋印谱》等。

项名达（1789—1850），原名万准，字步莱，号梅侣。浙江杭州人。数学家，著有《勾股六术》等。

徐荣（1792—1855），字铁孙，号药垣，又号梅花老农。湖北监利人。精隶书，善画梅。

陶琯（1794—1849），字梅石，号梅若。浙江嘉兴人。工画梅石，精篆刻。著有《绿蕉山馆集》。

武新铭（1802—1854），号梅农。山西文水人。工诗。

庄士彦（1803—1871），字子彦，号梅生。江苏常州人。工词，著有《梅笙词》。

鲁一同（1805—1863），字兰岑，一字通甫，别号铁梅道人。江苏清河人。桐城派古文大师，善画，写梅尤佳。

清代姚燮（见本章《别号用梅》之《以"梅"名其号》），号大梅山民、大梅山人等。

李承熊（1817—1883），字子卿，号白花，别署铁梅道人。上海人。工画山水、人物等。

宋继郊（1818—1893），字述之，号梅花道人、木雁道者等。河南开封人。工诗文，著有《三国人物年岁考》等。

何仁山（1828—1876），字颐上，号梅士。广东东莞人。工诗文，著有《草草草堂诗草》《锄月山房文钞》等。

周福清（1838—1904），字震生，号梅仙。浙江绍兴人。同治十年（1871）进士，鲁迅的祖父。工书。

清代一泉，初名宝泉，字三友，

金农《玉壶春色图》

少习儒，志趣高尚，不屑科举，后出家，自号梅花禅子、梅花船子。上海人。工书法，善梅竹。

清代丁泽安，字勉初，号六梅居士。贵州贵阳人。工文辞，精经学。著有《学易节解》等。

清代王秉槐，号梅僧。上海人。工书，能刻印，尤工写兰。

清代王茂森，号梅隐。江苏常熟人。工诗，著有《梅隐吟草》。

清代王荩臣，字秋舲，号梅隐。浙江平湖人。能诗、画，尤善梅、芦雁等。

八大山人《墨梅图》

清代王倩，字雅三，号梅卿。浙江绍兴人。工诗词，兼善绘事，画梅尤多。著有《问花楼诗钞》《寄梅馆诗钞》等。

清代孙国柱，字颜卓，号梅隐。浙江平湖人。工吟咏，著有《梅隐诗存》。

清代孙韫玉，号梅花主人。江苏苏州人。擅画梅。

清代朱文晋，字复心，号梅农。浙江长兴人。擅画梅，能诗。

清代朱雷，字雪筠，号梅花仙叟。浙江平湖人。善花卉。

清代吴云，字阆父，号梅痴。安徽歙县人。工诗文。

清代李翰华，字佑卿，号梅仙。广西永福人。工篆刻，擅画梅竹。

清代沈机，字尔任，号海鸥，自号梅花逋客。浙江桐乡人。工书。

清代苏佩，字珩斋，号梅仙。安徽石台人。工诗，著有《梅仙诗集》。

清代陈冠英，号梅仙。江苏苏州人。擅画梅竹。

清代罗洹，号梅仙，又号锄璞道人。江西宁都人。工山水。

清代范风仁，号梅隐，又号梅影。浙江嘉兴人。工画梅，精篆刻。

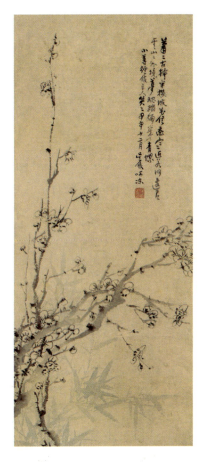
吴昌硕《梅竹图》

清代胡寿鼎，原名寿谦，字匡伯，号梅卿。浙江绍兴人。工书法，善诗词，兼善花卉梅菊。

清代徐镛，字子璈，别署江南梅痴。江苏苏州人。工山水、佛像，能书，擅画梅。

清代蒋锡纶，字景庐，号桐生，别号梅隐。浙江湖州人。擅画梅。每画必题诗，人称"双绝"。

清代傅鼎乾，字梅卿，号梅石老人、画桥外史等。浙江杭州人，工诗。

梅巧玲（1842—1882），原名芳，字雪芬，别号蕉园居士，自号梅道人。江苏泰州人。梅兰芳祖父，著名京剧演员。

历代名人与梅

孙双玉（1859—？），号梅仙。北京人。擅演京剧老旦。

况周颐（1859—1926），原名周仪，以避宣统帝溥仪讳，改名周颐，字夔笙，号玉梅、玉楳、梅痴、玉梅词人等，晚号蕙风词隐。广西桂林人。近代词人、学者，词体评论家。

赵佩茳（1866—1929），字兰丞，号梅隐。浙江温岭人。工诗，主编《花山志》等。

李鼎（1866—1941），号梅隐。江苏扬州人。工书。

何振岱（1867—1952），字梅生，号心与、觉庐，晚年自号梅叟。福建福州人。工诗文，著有《心自在斋诗集》《觉庐诗稿》等。

郭燮熙（1868—1943），因酷爱梅，自号梅花老人。云南南华人。工梅。

周瘦鹃书法

李瑞清（1867—1920），字仲麟，号梅庵，一号梅痴。江西临川人。光绪二十年（1894）进士，历官江宁提学使、两江师范学堂监督(即校长)等。工书法，近代著名书画家、教育家。

连城珍（1871—1937），号梅仙。福建龙海人。工书，擅画梅。

周寿祺（1872—1940），字鹤年，号鹤巢，别署梅隐。江西吉安人。善花卉。

周瘦鹃（1895—1968），原名祖福，后改名国贤，号瘦鹃，别署兰庵、紫罗兰主等。江苏苏州人。作家、园艺学家。周瘦鹃一生酷爱梅花，他不仅在园中土山遍植梅树，建造梅屋,还用与梅有关的古玩、书画、窗几等来装饰梅屋,被朋友誉为"小香雪海",他自己也以林和靖自喻,并自号香雪坡主人。著有《行公集》《消闲集》等。

近现代林承弼(见本章《别号用梅》之《以"梅"名其号》),又号铁梅居士。

刘景晨(1881—1960),字贞晦,号冠三、潜庐、梅隐、梅屋先生等。浙江温州人。善诗文、书画、金石,绘画尤长于梅花,著有《贞晦印存》《题画梅百绝》等。

王蕴章(1884—1942),字莼农,号西神,别署二泉亭长、西神残客、梅魂等。江苏无锡人。通诗词,工书法,擅作小说。著有《碧血花传奇》《梅魂菊影空词话》等。

吴沛霖(1884—1925),字泽庵,号梅禅。广东揭阳人。擅绘画,尤擅画梅。著有《谈艺录》《梅禅室诗存》等。

近现代洪毅(见本章《别号用梅》之《以"梅"名其号》),又号梅花尹令。

吴君略(1894—1952),原名宏韬,号梅隐。广东揭阳人。擅绘画,尤以墨梅见长。著有《梅隐诗品》《画梅技法》等。

近现代田鹤仙(见本章《别号用梅》之《以"梅"名其号》),又号梅华主人。

孙同九(1897—1951),名世昌。辽宁庄河人。工人物,尤擅画梅,因而自号梅花学士。

蒋镜寰(1897—1981),字吟秋,号翰澄、梅花知己等。江苏苏州人。版本学家,工书,擅画梅。著有《吴中藏书先哲考略》等。

王白纯(1909—1991),字锻逸,号梅翁。云南通海人,工书。著有《王白纯书法篆刻选集》。

关山月(1912—2000),原名关泽霈。广东阳江人。"岭南画派"

大家。一生爱梅，种梅、画梅、写梅，常以梅自喻，因自号梅痴。

于希宁（1913—2007），原名桂义，字希宁，别署平寿外史、鲁根、梅痴等。山东潍坊人。善花鸟，工画梅。著有《论画梅》等。

陈子庄（1913—1976），名富贵，又名思进，别号兰园、下里巴人、十二树梅花书屋主人、十二树梅花主人等。重庆人。工画。

徐镛（1933—？），字子璈，别署江南梅痴。江苏苏州人。工山水、佛像，善书。画梅四十载。

近现代王传镒，号红梅居士。江苏无锡人。

近现代何乃莹，字润夫，一字梅叟。山西灵石人。工诗。

近现代翁逸，号梅花老道。浙江海宁人。擅画墨梅。

4. 以梅代词加称谓名其号

清代姚燮（见本章《别号用梅》之《以"梅"名其号》），又号疏影词史、疏影词人。

改琦《墨梅图》

清代宣鼎（见本章《别号用梅》之《以"梅"名其号》），号香雪道人、前身罗浮山香雪道士。

近现代金心兰（见本章《别号用梅》之《以"梅"名其号》），号冷香，自署冷香居士。

近现代沈锡华（见本章《别号用梅》之《以"梅"名其号》），号疏影。

二、托物言志　表述情怀——以梅事名之

因为爱梅，许多名人选用某种爱梅的活动方式以作为自己的别号，如问梅、寻梅、修梅、种梅等，体现了对梅花精神品格的敬慕之情。

沈周《梅花》

1. 以爱梅方式名其号

朱璟（1297—1330），字景玉，号爱梅，别署玉峰。安徽绩溪人。工山水。

陈鸿诰（1824—1884），字曼寿，号味梅。浙江嘉兴人。诗人，金石家。

历代名人与梅

佚名《冬日婴戏图》

清代郭景燕,字赋梅。安徽全椒人。工书,擅画梅。

清代曹秉钧,字仲谋,号种梅。浙江嘉兴人。工梅。

清代曹锐,字锷堂,号友梅。安徽休宁人。工山水。

清代彭承谟,号挹梅。江苏南京人。工隶书。

清代鲍逸,号问梅半隐。浙江杭州人。工书,擅画梅。

清代戴球,字廷美,号寻梅。江苏苏州人。擅写白描人物。

近现代沈翊青(1855—1928),一作沈翊清,号逋梅,一作补梅,工梅。

近现代况周颐(见本章《别号用梅》之《以梅加称谓名其号》),号修梅。

李国模(1884—1930),字方儒,号筱崖,别号吟梅。安徽合肥人。工古诗词,著有《吟梅吟草》等。

石评梅(1902—1928),乳名心珠,学名汝璧。山西平定人。20世纪20年代知名女作家,因爱慕梅花之俏丽坚贞,便自号评梅。在短暂的生命中,创作了大量诗歌、散文、游记、小说等。

2. 以爱梅方式加称谓名其号

王振鹏(1275—1328),字朋梅,号朋梅道人、孤云处士。浙江永嘉人。工山水,善界画。

吴本泰(1573—?),字美子,号药师,亦号梅里居士。浙江海宁人，寄籍杭州。崇祯七年（1634）进士。熟谙经术，亦工诗文。甲申（1644）后，隐居西溪蒹葭里，与智一相交最深。智一僧移赠古梅数株，吴本泰剧地种之，故又号西溪种梅道者。著有《续论语颂》，辑有《西溪梵隐志》等。

张谦（1683—？），字地山，一字云槎，号斗南子，又号补梅居士。生平传记无考，据其自署得知为浙江海盐人。善山水，工诗词，著有《补梅居士吟稿》。

戴璐（1739—1806），字敏夫，号蕺塘，一号吟梅居士。浙江湖州人。乾隆年间进士，历官工部郎中、太仆寺卿等，晚年为扬州梅花书院山长。工文史，著有《藤阴杂记》《吴兴诗话》等。

韩崶（1758—1834），字禹三，号旭亭、桂舲，别称种梅老人。工诗，著有《还读斋诗稿》。

蔡用锡（1784—1861），字康侯，号云藩。湖南益阳人。工文史，著有《元空说约》《种梅道人遗稿》等。

钱聚朝（1806—1860），字盈之，号晓庭，别署万苍山樵、补梅居士。浙江嘉兴人。工花卉，尤精画梅。著有《养真斋诗集》等。

清代张登钧，号种梅居士。河南新安人。工诗文。

清代俞莹，字敬亭，号友梅山人。江苏无锡人。工山水、花鸟。

周庆云（1864—1933），字湘舲，号梦坡。浙江湖州人。盐业富商，善诗词、书画，富收藏。曾在浙江灵峰植梅，因号灵峰补梅翁。

王树中（1868—1916），字建侯，号百川，又号梦梅生。甘肃皋兰人。光绪二十年（1894）进士，任县令、道尹等职，为官一身正气，两袖清风。工诗。

舒昌森（？—1927），号问梅。上海人。工词。

近现代杨秉汶，号修梅生。上海人。工诗善画。

三、道法自然　天地人和——以环境名之

此类别号亦分两种情况：一种是直接以某处（个）环境名其号，一种是以环境加某种称谓名其号。

1. 直接以环境名其号

胡璟（887—965），字汝明，号梅溪。浙江新昌人。胡璟生当天下纷争时，故攻习韬略，熟读兵书，官至行军司马兼尚书事。约在948年前后功成身退，定居新昌七星峰下，沿溪植十里梅花，自号梅溪。

扬补之《墨梅图》

王十朋（1112—1171），字龟龄。浙江乐清人。因家住梅溪村，又平生爱梅，故号梅溪。绍兴二十七年（1157）状元，南宋著名政治家、诗人。为官期间，刚正不阿，批评朝政，直言不讳，以名节闻名于世。

吴大成（约1126—1227），字子集，号梅子，又号梅月。福建诏安人。工诗，著有《梅月诗卷》，借梅月百咏，表达了自己的清操劲节。

彭蠡（1146—1200），字师范，号梅坡。江西宜春人。工文辞。

史达祖（1163—1220），字邦卿，号梅溪。河南开封人。能词，工咏物，著有《梅溪词》。

李刘（1175—1245），字公甫，号梅亭。江西崇仁人。嘉定元年（1208）进士，历任吏部侍郎、中书舍人等职，治事果断，措施得当。

工文赋、诗词,著有《梅亭类稿》等。

徐元杰(1196—1246),字仁伯,号梅野。江西上饶人。绍定五年(1232)进士,工文辞,著有《梅野集》。

胡次焱(1229—1306),字济鼎,号梅岩。江西婺源人。南宋咸淳年间进士,工诗文,著有《梅岩文集》。

胡三省(1230—1302),字身之,一字景参,号梅涧。浙江宁波人。工文史,著有《资治通鉴音注》《通鉴释文辩误》等。

王炎午(1252—1324),初名应梅,字鼎翁,别号梅边。江西安福人。工诗,著有《吾汶稿》。

宋代韦居安,号梅磵。浙江湖州人。咸淳四年(1268)进士,广施仁政,深受百姓爱戴。工诗,著有《梅磵诗话》。

宋代宋远,号梅洞。江西清江人。文学家,著有《娇红传》(文言小说)。

宋代张磐,字叔安,号梅崖。浙江嵊州人。工词,著有《梅崖集》。

宋代李琳,号梅溪。湖南长沙人,工词。

宋代杜浒,字贵卿,号梅壑。浙江台州人。抗元英雄。

宋代施岳,字仲山,号梅川。江苏苏州人。精音律。

宋代曹良史,字之才,号梅南。浙江杭州人。工诗词。

宋代楼扶,字叔茂,号梅麓。浙江宁波人。能词。

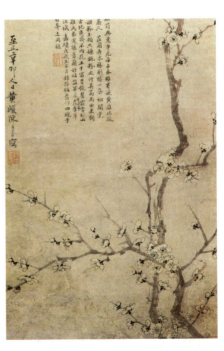

陈立善《墨梅图》

· 历代名人与梅 ·

宋代魏天应，号梅墅。福建建瓯人。工文辞。

熊良辅（1310—1380），字任重，号梅边居士。江西南昌人。精文史，通易经。著有《小学入门》《风雅遗音》等。

林弼（1325—1381），原名唐臣，更名弼，字符凯，号梅雪道人。福建漳州人。至正八年（1348）进士，工诗文，著有《梅雪文稿》等。

金祺（1365—1435），号梅窗、梅窗居士。浙江永嘉人，工诗文。

马铎（1366—1423），字彦声，号梅岩。福建长乐人。原名马乐，后避讳永乐，受御赐"铎"，改名马铎。永乐十年（1412）状元，授翰林院修撰。工诗文辞，性情耿直，表里如一，居官有刚直之声，居家有孝友之名，居世有助人之誉。著有《玉岩集》。

元代韦珪，字德珪，自号梅雪。浙江绍兴人。工诗，著有《梅花百咏》。

俞山（1399—1467），字积之，号梅庄。浙江嘉兴人。善大篆，工墨梅。

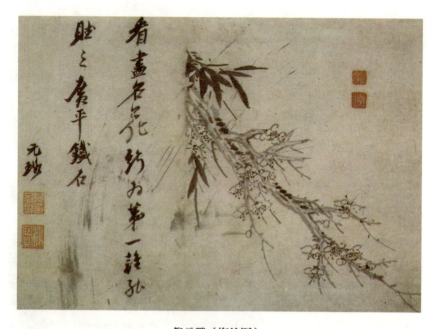

倪元璐《梅竹图》

刘璋（1429—1511），字廷信，号梅坡。福建南平人。天顺元年（1457）进士，历任户部主事、户部郎中、浙江左右布政使等。工诗。

黄昭道（1467—1541），字文显，号梅岩。湖南平江人。弘治十二年（1499）进士，官至云南左布政使。工诗。

郑源彬（1509—1544），字与宜，号梅岗。福建长乐人。工诗，著有《梅岗诗选》。

胡宗宪（1512—1565），字汝贞，号梅林。安徽绩溪人。嘉靖十七年（1538）进士。抗倭名将。善诗文，著有《筹海图编》。

沈束（1514—1581），字宗安。号梅岗，浙江绍兴人。

周履靖（1549—1640），字逸之，初号梅墟，改号螺冠子，晚号梅颠等。浙江嘉兴人。擅吟咏，工书，善山水，精医术。著有《梅颠稿选》《罗浮幻质》等。

李衷灿（1615—1676），字藜仲，号梅村。安徽含山人。工文史。

查士标（1615—1698），字二瞻，号梅壑、梅壑散人。安徽休宁人。工书、善画，尤善山水。

宗元鼎（1620—1698），字定九，号梅岑，又号香斋、梅西居士、卖花老人等。江苏扬州人。工诗善画，著有《芙蓉集》。

查士标——"梅壑"

汪之顺（1622—1677），字平子，号梅湖。安徽怀宁人。工诗。

朱之锡（1623—1666），字孟九，号梅麓。浙江义乌人。清初治河名臣。

张珂（1635—?），字玉可，号嵋雪、梅雪，又号碧山小痴。江苏常熟人。工山水。

明代马继龙，字云卿，号梅樵。云南永昌人。工诗，著有《梅樵集》。

明代方仕，字伯行，号梅崖。浙江宁波人。善书能画。著有《集古隶韵》《续图绘宝鉴》等。

明代王人佐，字良才，号梅泉。福建将乐人。擅画梅，亦擅画兰、竹、石。

明代王化行，号梅滨。云南通海人。工书。

明代王文泽，字伯雨，号梅泉。上海人。工文史。

明代何英，字积中，号梅谷。江西万年人。工文辞，著有《四书释要》等。

明代佘文义，号梅庄。安徽歙县人。徽商。

明代张旭，字廷曙，号梅岩。安徽休宁人。工诗文，著有《梅岩小稿》。

明代李恪，字俨思，号梅岑。云南安宁人。工诗文，善书，著有《梅岑诗集》。

明代李雍，字师丹，号梅泉。湖南安化人。工文辞。

明代杜乔林，字君迁，号梅梁。上海人。万历四十四年（1616）进士，官至湖州知府。

明代杨琛，字文美，号梅雪。上海人。工诗。

明代汪桂，字伯祯，号仙友、梅村、卧雪居士等。湖北崇阳人。天启五年（1625）进士，曾任福建建宁知府等。善文，工诗词，著有《梅村遗稿》等。

明代沈一中，字长孺，号梅园。浙江宁波人。万历八年（1580）进士，官至布政使。工诗文，著有《梅园集》。

明代吴缙，字元素，号梅月。上海人。

明代吴纁，号梅泉。浙江临海人。

明代陈肃，号梅雪。江苏清江人。善墨梅。

明代周相，字大卿，号梅崖。浙江宁波人。嘉靖二年（1523）进士，官至江西巡抚。工诗。

明代周铭,号梅月。云南华宁人。

明代施达,字德孚,号梅坡,博学,善楷书。

明代洪瑛,号梅坡。浙江淳安人。官员,有政声。

明代赵杰,号梅坡、梅坡居士。浙江桐庐人。

明代赵琬,号梅庵、梅庵老人,江苏常州人。工文辞。

明代高映斗(见本章《别号用梅》之《以梅加称谓名其号》),号梅溪。

明代温禧,号梅野。广东梅州人。因爱梅,曾在梅州城西小山广植梅树。

明代潘廷章,字美含,号梅岩,又号海峡樵人。浙江海宁人。善画。

明代蔡纲,字彦常,号梅竹。浙江桐乡人。医学家。

明代颜颐寿,字天和,号梅田。湖南岳阳人。弘治三年(1490)进士,官员,有惠政。

李登瀛(1656—1730),字俊升,号梅溪。浙江绍兴人。工诗,著有《梅溪诗集》等。

袁学谟(1668—1741),字迪来,号梅谷。江西彭泽人。雍正二年(1724)进士。爱民廉政,工诗文。

谢济世(1689—1755),

金农《梅花图》

字石霖,号梅庄。广西全州人。康熙五十一年(1712)进士,官至浙江道监察御史。谢济世铁骨铮铮,嫉恶如仇,为民请命,不畏权贵,一生充满传奇色彩。工文史,著有《梅庄杂著》等。

刘元燮(1701—1768),字孟调,号梅坨等。湖南湘潭人。雍正八年(1730)进士,官至山西道御史。工诗,著有《寒香草堂集》《梅坨吟》等。

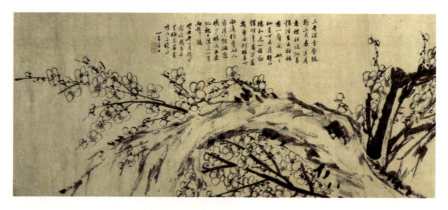

孙原湘《梅花图》(局部)

朱仕琇(1715—1780),字斐瞻,号梅崖、梅崖居士等。福建建宁人。工古文辞,著有《梅崖文集》。

万廷兰(1719—1807),字芝堂,又字梅泉,号梅皋。江西南昌人。乾隆十七年(1752)进士,官通州知府等职,以廉能著称。刻书家、志书家,著有《太平寰宇记补》《大清一统志表》等。

梁国治(1723—1786),字阶平,号瑶峰,一号丰山,又号梅塘。浙江绍兴人。乾隆十三年(1748)状元。官至东阁大学士兼户部尚书,清廉自守,好学爱才,治事敬慎缜密。著有《敬思堂文集》。

周克开(1724—1784),字乾三,号梅圃。湖南长沙人。官员,治水功绩显著。

陈万全(1747—1802),字绎勤,号梅坨。浙江桐乡人。乾隆四十九年(1784)进士,官至兵部侍郎。能诗,工书,著有《三香吟馆诗钞》。

清代铁保（见本章《别号用梅》之《以梅加称谓名其号》），号梅庵。

钱泳（1759—1844），初名鹤，字立群，号梅溪。江苏无锡人。能诗，善篆书。

刘体重（1770—1842），字子厚，号梅坪。山西洪洞人。官至湖北布政使，尤长于治狱。

斌良（1771—1847），字吉甫，号梅舫、雪渔等。北京人。驻藏大臣。工诗，著有《抱冲斋诗集》。

齐彦槐（1774—1841），字梦树，号梅麓。江西婺源人。嘉庆十三年（1808）进士。工诗文、书法，尤精骈体律赋，著名科学家、文学家、金石学家，著有《书画录》《梅麓诗文集》等。

黄璟（1775—1835），字有春，号梅村。山西平定人。工诗赋。

江南春（1788—约1856），号梅屿。江西婺源人。工篆刻，善画，精医术。著有《周易图考》《敬修医说》等。

伊念曾（1790—1861），字少沂，号梅石。福建宁化人。工篆隶、镌刻，兼写山水、梅花。

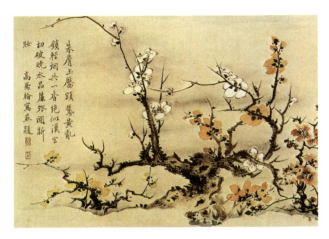

高凤翰《梅花图》

• 历代名人与梅 •

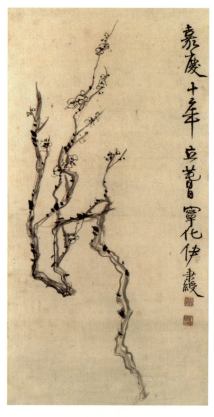

伊秉绶《墨梅》

程庭鹭（1796—1858），初名振鹭，字缊真，号绿卿，又号梦庵、梅筏等。工诗、善画，能篆刻。

证停（1803—1831），初号梅田，更号墨缘。江苏苏州人。僧人。工楷书，善山水。

华长卿（1805—1881），原名长懋，字枚宗，号梅庄，晚号米斋老人。天津人。工诗，著有《梅庄诗文钞》《词钞》等。

居巢（1811—1865），字梅生，号梅巢、今夕庵主等。祖籍江苏宝应，定居广东广州。工画，善诗词。

卢德仪（1820—1865），字俪兰，号梅邻。浙江台州人。工诗。

赵之谦（1829—1884），初字益甫，号冷君，又号悲庵、梅庵等。浙江绍兴人。工书画，篆刻成就巨大，对后世影响深远。代表作品《金蝶堂印谱》。

清代丁清度，号梅滨。江苏无锡人。工书。

清代万中立，号梅岩。湖北武汉人。善书，富收藏。

清代王本仁，字聚之，号梅村。河北东光人。工诗，著有《菘香堂诗草》。

清代王恒，字仲文、茂林，号梅邻、梅邻山人。上海人。善竹刻，工书。

清代王荣增，号梅蹊。河北正定人。工擘窠书。

清代王荦，字耕南，号稼亭，又号梅峤等。江苏苏州人。工画。

清代王基，字太御，号梅庵。江苏苏州人。擅画马、人物。

清代王藻，字载扬，号梅汧。江苏苏州人。工诗。

清代朱邦瑾，字镇楚，号梅坡。浙江平湖人。工书。

清代朱奎光，号梅村。河南太康人。工诗赋，精医术。

清代伍延鎏，号梅庵。广东广州人。善山水，工墨梅。

清代许体安，号梅庵。籍贯不详。擅雕刻。

清代吴循古，号梅溪。江苏太仓人。工书。

清代吴熊，号梅颠。安徽歙县人。工书。

清代宋昭明，号梅溪。浙江海盐人。工诗。

清代张芳，号梅村。江西婺源人。精医术。

清代张适，字鹤民，号梅庄。江苏苏州人。工书法，善山水，尤擅写梅。

清代张琏，字器之，号梅泉。上海人。善画。

清代张域，字子正，号梅庵。山西阳城人。工诗，善书，著有《香雪庵诗钞》。

清代李清芬，字子苾，号梅坡，一号问庐。河北盐山人。工书，擅画山水。

清代李菩，字东白，号梅山。浙江绍兴人。精医术。

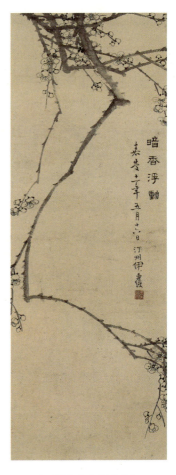

伊秉绶《暗香浮动》

· 历代名人与梅 ·

　　清代李簧，字以胜，号梅楼。山东单县人。乾隆三十六年（1771）进士，由翰林院庶吉士授编修，生性耿直，淡泊名利。工诗，著有《退园集》《梅楼诗存》等。

　　清代杨士林，字大椿，号梅岩。江苏苏州人。工诗，擅画兰竹。著有《寒香斋诗稿》等。

　　清代杨光红，字若震。湖南宜章人。因家居平和月梅村，因以月梅为号。工诗，善画。

　　清代汪应铨，字度龄，又字杜林，号梅林。安徽休宁梅林村人，寄籍江苏常熟。康熙五十七年（1718）状元，官至左春坊赞善。梅林村口昔日有一片梅园，故名梅林，汪应铨因以之为号。其擅长书法，著有《闲绿斋文稿》等。

　　清代沈赤然，字鳄山，号梅村。浙江杭州人。工诗古文辞，尤以诗著称。著有《五砚斋诗钞》。

　　清代沈塤成，字紫霓，号梅坡、紫霓山人等。籍贯不详。曾游学于关中名儒刘古愚先生门下，善花卉，精画梅。

　　清代陆炜镛，号筠梅。上海人。精医术。

　　清代陆温，字抗云，号梅渡。籍贯不详。工花卉。

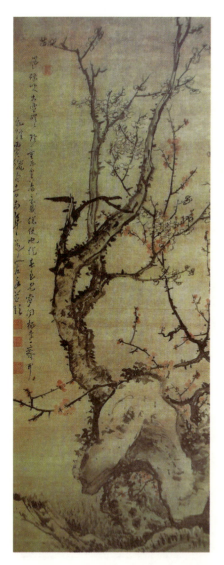

高凤翰《梅石图》

清代陆楷，字振之，号梅圃。浙江湖州人。工山水、人物、花卉。

清代陆煊，字子章，号梅谷。浙江平湖人。工诗画，有藏书，著有《梅谷集》。

清代陈长钧，字殿元，号梅岑。湖南常德人。著有《柱山诗存》。

清代陈良玉，号梅窝。辽宁铁岭人。工诗，擅画墨梅。

清代陈勋，号梅溪。浙江海宁人。工山水。

清代陈昱，字梦若，号梅舟。浙江杭州人。能诗，工墨梅。

清代陈菁，字幼木、幼林，号梅巢。籍贯不详。善画。

清代罗曰琮，字宗玉，号梅溪。江苏高邮人。工山水。

清代金士高，号梅邨。浙江杭州人。工画。

清代恒庆，字余堂，号梅村。籍贯不详。工诗善书。

清代段汝霖，字时斋，号梅亭。湖北武汉人。工文辞。

清代洪国光，号梅槎。浙江金华人。工诗。

清代赵溶，字云江，号梅谷。籍贯不详。工诗。

清代郎廷槐，号梅溪。籍贯不详。工诗。

清代夏大霖，字用雨，号梅皋。浙江衢州人。工诗文辞。

清代耿玉函，字抱冲，号梅溪。山东长清人。工诗，著有《抱冲山房集》。

清代钱树，字宝庭，号梅簃。浙江杭州人。工山水，善篆隶，尤工铁笔。

清代屠云尧，字望之，号梅西。浙江嘉兴人。善画。

清代黄传纮，号梅村。安徽无为人。工书。

清代黄济川，号梅溪。浙江金华人。善书画，尤以墨梅著称。

清代韩敏，字仲敏，号梅坡。江苏苏州人。工书。

清代裘安邦，字古愚，号梅林。浙江绍兴人。嘉庆年间武进士，官徐州镇总兵，关心民间疾苦，好文治，能作诗。

华嵒《梅竹春音图》

清代端木守谦，字梅和，号梅庵。江苏高邮人。工书。

清代谭精品，号梅龛。云南永胜人。工山水。

清代潘国珍，号梅溪。江西婺源人。通医术。

清代薛僖，号梅亭。江苏盐城人。工书。

蒋倬章（1848—1925），字六山，号梅溪。浙江兰溪人。工诗文辞。著有《梅溪诗话》。

姚文俊（1857—1924），字彦英，号梅庵，晚号醒翁。浙江杭州人。擅画梅、山水、花卉等。

近现代郭燮熙（见本章《别号用梅》之《以梅加称谓名其号》），号梅雪。

周今觉（1878—1949），名达，号美权，一号梅泉，"今觉"是他集邮以后写集邮文章的署名。安徽东至人。集邮家、邮学家，善诗文，藏邮票甚富。著有《华邮图鉴》《邮学刍言》等。

丁福保（1874—1952），字仲佑，号梅轩，别号畴隐居士。江苏无锡人。医学家。

陈缘督（1902—1967），原名陈煦，字缘督，号梅湖。广东梅州人。工人物、山水等。

龙铁志（1905—？），号梅林、梅林隐鹤。广东顺德人。工诗词。

朱梅邨（1911—1993），别名独眼半聋居士、梅邨。江苏苏州人。工山水、人物。

梁伯载（1917—1983），名堃，字伯载，晚号梅石。陕西凤翔人。工书画，擅画梅。

田一文（1919—1989），号梅庵。湖北武汉人。作家。

陈君励（1925—1984），字锦伟，号梅窗，自署老君、爱梅庐主等。广东揭阳人。工书，擅画梅。

姚平（1932—2013），原名阙德音，笔名丁乙，号梅亭。江西兴国人。教授、诗人、辞赋家。著有《寒梅阁吟章》及《续吟》《三吟》《四吟》《五吟》，选集《梅苑风华》，辞赋《过泸溪》《梅花赋》《瓷都赋》《糖球赋》《酒赋》等。

2. 以环境加称谓名其号

唐代洪必信，号梅窗居士。安徽歙县人。嗜经史，擅吟咏。曾于居所之右建小楼数楹，植梅数百，作梅花百咏以自悦。

宋代宋翔，字子飞，一字志腾，自号梅谷居士。福建南平人。著有《梅谷集》。

宋代李琳（见本章《别号用梅》之《直接以环境名其号》），号梅花溪道人。

宋代南强，字伯强，号梅隐先生、梅溪翁。浙江义乌人。工文辞，著有《梅溪笔谈》。

元代熊良辅（见本章《别号用梅》之《直接以环境名其号》），号梅边居士。

元代郭豫亨，自号梅岩野人。籍贯不详。工诗，著有《梅花字字香》。

元代林弼（见本章《别号用梅》之《直接以环境名其号》），号梅雪道人。

• 历代名人与梅 •

元代金祺（见本章《别号用梅》之《直接以环境名其号》），号梅窗居士。

叶盛（1435—1494），号梅谷居士。籍贯不详。工诗。

明代沈束（见本章《别号用梅》之《直接以环境名其号》），号梅冈。

王圻（1530—1615），字元翰，号洪洲、梅源居士等。上海人。嘉靖四十四年（1565）进士。曾任御史一职，因得罪权相，辞官归隐，专事写作，植梅万株，故谓之梅源居士。著有《续文献通考》、《三才图会》（与子王思义合编）。

明代周履靖（见本章《别号用梅》之《直接以环境名其号》），号梅颠道人。

明代支允坚，字子固，号梅坡居士。籍贯不详。工诗。

明代王毓，号香雪坡老人。浙江宁波人。尝慕宋广平、林和靖之为人，植梅庭下，观察摹写。又工诗，善书，时称"三绝"。

明代冯仲庸，号梅溪渔隐。浙江义乌人。

明代朱一是，字近修，号梅溪旅人。浙江海宁人。工山水。

明代妙琴，字无弦，号梅屋老人。四川成都人。善诗，工书画，尤喜画梅。僧人。

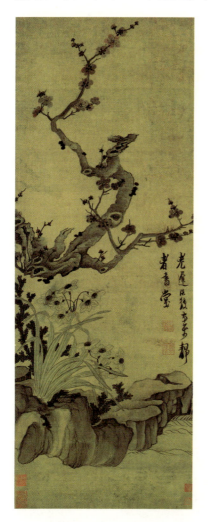

陈洪绶《梅石水仙图》

明代吴景隆,号梅窗居士。籍贯不详。医学家。

明代林贞,号梅坡居士。福建福州人。

明代林樵,字汝谈,号梅竹。福建福州人。

明代茅襄,字宏赞,一字弘赞,号梅溪道人、梅涧道人、梅涧处士等。福建仙游人。

明代赵杰(见本章《别号用梅》之《直接以环境名其号》),号梅坡居士。

明代雪庭,号梅雪隐人。浙江杭州人。工诗。禅师。

明代温禧(见本章《别号用梅》之《直接以环境名其号》),号梅野先生。

陈洪绶《山禽梅花图》

明代潘廷章(见本章《别号用梅》之《直接以环境名其号》),号梅岩居士。

明代萧云从(见本章《别号用梅》之《以"梅"名其号》),号梅石道人。

明代查士标(见本章《别号用梅》之《直接以环境名其号》),号梅壑散人。

明代宗元鼎(见本章《别号用梅》之《直接以环境名其号》),号梅西居士。

明代汪之顺(见本章《别号用梅》之《直接以环境名其号》),

号梅湖老人。

清代朱仕琇（见本章《别号用梅》之《直接以环境名其号》），号梅崖居士。

清代张九钺（见本章《别号用梅》之《以梅加称谓名其号》），号罗浮花农，其用典出自隋人赵师雄游广东罗浮山遇梅花仙子之事，这里用罗浮指代梅花。

姚文田（1758—1827），字秋农，号裼各，别号经田、梅说老人、梅窝头陀、梅漪老人等。浙江湖州人。嘉庆四年（1799）进士，官至礼部尚书。工诗文，著作有《逮雅堂集》等。

清代钱泳（见本章《别号用梅》之《直接以环境名其号》），号梅花溪居士。

董棨（1772—1844），字石农，号乐闲，又号梅溪老农，一作梅泾老农。浙江嘉兴人。工山水、人物，善书，兼工铁笔。

董棨——"梅泾老农"

费丹旭《罗浮梦境图》

濮森（1827—?），字又栩，号梅龛主人。浙江杭州人。工刻印。

清代卫之松，号梅庵道人。上海人。精医术。

第四章 别号用梅

清代孔继型,号梅庄锄月农。浙江宁海人。工诗。

清代张绍龄,号梅谷老人。安徽绩溪人。能诗,工山水。

清代陈枚,字载东,号殿抡,晚年号梅窝头陀。上海人。工山水。

清代周宗姜,字思媚,号梅缘女史。浙江绍兴人。工文辞,著有《绿云馆吟草》。

清代夏光洛,字禹书,号秘庵。湖南益阳人。性嗜林泉,工词善书,宅前有老梅一株,每当花开时,庋木登眺其上,因号梅巢居士。

清代蒋左贤,字翰香。浙江海宁人。所居别下斋畔有老梅一株,因号梅边女史。工诗,著有《梅边笛谱》。

清代萧品清,字一和,号六梅居士。云南剑川人。工书画。

清代景梁曾,字秋田,号梅东老人。浙江杭州人。善花卉。

清代焦学漪,字吟雅,号梅东弟子。山东德州人。工花卉。

清代蒋徵舆,字辕文,号梅溪诗老。江苏镇江人。

汪藩(1843—1923),字解眉,介眉,号梅庄居士。安徽黟县人。擅长浅绛山水、人物、花鸟。

吴广霈(1854—1918),号梅阳山人。安徽泾县人。工书。

江春霖(1855—1918),字仲默,号杏村,又号梅阳山人。福建莆田人。光绪二十年(1894)进士,工诗文辞,有《梅阳山人集》等。

江士先(1862—1937),号梅溪老人。浙江遂昌人。精医术。

吴观岱(1862—1929),字念康,号洁翁,别号有小梅花庵主、溪山画隐等。江苏无锡人。工书善画,山水、人物兼妙。尤擅画梅。

赵云壑(1874—1955),名起,字子云,号云壑、泉梅老人、泉梅村人。江苏苏州人。善花卉、山水,工篆刻。居苏州时,住十

赵云壑——"泉梅老人"

全街,街有十口井,其宅中有十株梅花,故名。

刘景晨(见本章《别号用梅》之《以梅加称谓名其号》),又号梅屋先生。

刘季英(1887—1954),谱名大绅,字季英,别号贞观老人等,晚年号梅园寄叟等。江苏镇江人。精通太谷学派《易学》。

梅寄鹤(1898—1969),原名祖善,字寄鹤,号梅屋老人。江苏常熟人。精医学,工诗善文。

近现代瞿秋白(见本章《别号用梅》之《以"梅"名其号》),号梅影山人、梅影侍者等。

近现代龙铁志(见本章《别号用梅》之《直接以环境名其号》),号梅林隐鹤。

四、心意同脉 干流同源——以斋室名之

1. 直接以斋室名其号

宋代许棐,字忱夫。浙江海盐人。工诗词,富藏书,隐居海宁秦溪时,植梅于屋之四周,名其居曰梅屋,并以梅屋为号。

明代林完,字思勉,号梅屋。江苏常熟人。工文辞,善楷隶。

吴伟业——"梅村"

吴伟业(1609—1672),字骏公,号梅村。江苏太仓人。明崇祯四年(1631)进士,诗人、词人、戏剧家。一生酷爱梅花,不仅将自己新建的别墅取名梅村,而且还将梅村作为晚年的别号。

姚济(1807—1876),字铁梅。上海人。工诗,善书画,后工治印,尤精篆刻。室名樵云山房、一树梅花老屋等,故又号一树梅花老屋。

张恩沛(1868—1945),原名克沛,字云书。江苏连云港人。

工诗文。一生爱梅,其读书处曰梅墅,故号梅墅、梅墅老人。

2. 以斋室加称谓名其号

元代吴镇(见本章《别号用梅》之《以梅加称谓名其号》),室名梅花庵,因号梅花庵主。

元代王冕(见本章《别号用梅》之《以梅加称谓名其号》),室名梅花屋,并以梅花屋主为号。

徐同柏(1775—1854),原名大椿,字籀庄。浙江嘉兴人。工书法,善篆刻,多识古奇字。室名松雪竹风梅月之庐,并号松雪竹风梅月之庐主人。著有《从古堂款识学》等。

何绍基(1799—1873),字子贞,号东洲居士、东洲山人。湖南道县人。工诗画,善书。其斋号有惜道味斋、鹤鸣轩、玉梅花庵等,故又号玉梅花庵主。

清代姚燮(见本章《别号用梅》之《以"梅"名其号》),室名大梅山馆、疏影楼等,故又以疏影楼主为号。

近现代金心兰(见本章《别号用梅》之《以梅代词名其号》),室名冷香馆,因之号冷香馆主、冷香馆主人。

沈翰(1862—1908),字孟骞,号墨仙、西园等。上海人。善山水,精画梅。室名十二梅花馆,因号十二梅花馆主。

金心兰——"冷香馆主"

王震(1867—1938),字一亭,号白龙山人等,室名海云楼、芷园、梅花馆等,故又号梅花馆主。浙江湖州人。工人物、花鸟、山水,尤善佛像。

张一麐(1867—1943),字仲仁,号民佣,别署红梅阁主等。江苏苏州人。著名爱国人士,工诗文。张一麐曾居住苏州吴殿直巷东端,即宋代词人吴感第宅遗址,当时宅园有书房,曰红梅阁。张

· 历代名人与梅 ·

一麐到此居住后,名其斋曰古红梅阁,并自号古红梅阁主。

近现代张恩沛(见本章《别号用梅》之《直接以斋室名其号》),又号梅墅老人。

庄曜孚(1871—1938),字莐史。江苏常州人。工画善书。因育有二男六女,故将画室定名为六梅室,自号六梅室主人。

黄光(1872—1945),谱名益谦,字梅僧,一字梅生。浙江平阳人。工诗文。室名玉梅花馆,号玉梅花馆主。著作有《樱岛闲吟》等。

梅际郁(1873—1934),字黍雨,号念石、念石翁。重庆人。室名念石斋、小梅庵、木兰精舍等,别署小梅庵主。工诗词,著有《念石斋诗》。

杭州高野侯故居——梅王阁

高野侯(1878—1952),字时显,号欣木、可庵。浙江杭州人。善书画,能篆刻,富收藏,精鉴赏,尤擅画梅。因藏有王冕《梅花图》卷,名其斋曰梅王阁,故又号梅王阁主。

高燮(1878—1958),字时若,又字吹万,号寒隐、葩叟、木道人等。上海人。作家,富藏书。其藏书之所曰闲闲山庄、可读斋、吹万楼、梅花阁等,故又号梅花阁主。著有《诗经目录》《感旧漫录》等。

严三和(1883—1929),字椿年。江苏苏州人。工画,专攻墨梅、墨兰。家中画室四周植梅,室内悬有银杏木刻"梅坞"匾额,自号梅坞居士。

梅天傲（1887—？），字心铁，室名伴梅馆，别署伴梅馆主。工画，善书。

陈志群（1889—1962），又名陈勤、陈以益，室名松竹梅斋，故号松竹梅斋主人。江苏江阴人。曾创办并主编《神州女报》等。

朱屺瞻（1892—1996），号起哉、二瞻老民。江苏太仓人。工画。以梅为友，且爱梅成痴，20世纪30年代在故乡购地10亩建新居，并植梅百余株，题名梅花草堂，自号梅花草堂主人。

郑逸梅（1895—1992），原名鞠愿宗，学名际云，号逸梅。祖籍安徽歙县。生于上海，父早殁，依外祖父生活，改姓郑。长期从事教育工作和写作。民国初年有大量文史掌故载于报刊空白处，人称"补白大王"。郑逸梅一生爱梅，斋号与梅花有关的有纸帐铜瓶室、双梅花庵、梅龛、双梅龛等，故又号纸帐铜瓶室主、双梅龛主等。

黄宁民（1899—？），字德光，室名吟梅室，自署吟梅室主。安徽休宁人。记者，工摄影。

刘惠民（1907—1999），号金蟾溪上人，室名借庵、香雪轩，故又号香雪轩主等。安徽萧县人。工书画，尤以狂草盛名。

八大山人《梅石图》

• 历代名人与梅 •

杨白匋（1921—1995），名元波，初字楚玉，别署红梅馆主。湖北沔阳人。工书，精篆刻。

近现代陈君励（见本章《别号用梅》之《直接以环境名其号》），室名爱梅庐，号爱梅庐主。

近现代叶子，字一片，原名基昌。浙江慈溪人。因工写梅，人称"叶梅花"。室名香雪楼，故号香雪楼主。

近现代郑子褒，别号梅花馆主。浙江余姚人。戏曲剧评家，著有《渔村隐侠传》。

五、景行唯贤　克念作圣——以人名名之

有人对自己的生活、志趣或艺术追求影响较大，故特取别号以记之。

明代汤廷颂，字钦哉，号梅逋。江苏宝应人。工诗。因仰慕林逋之为人，自号梅逋。植梅数百株，杂以桐、桂、松、杉，并养一鹤，凡读书饮酒，待宾客，入市井，皆与鹤相伴。

清代姚燮（见本章《别号用梅》之《以"梅"名其号》）在诸多别号中，有一个称"二石生"，与梅花有关。嘉庆、道光年间，一代文宗阮元称誉青年姚燮的词婉约清丽，如南宋姜夔（号白石道人，曾创作著名咏梅词《暗香》《疏影》），赞誉姚燮的墨梅如元代王冕（号煮石山农，曾创密体写梅之先河）。为了感谢阮元

姚燮像

的知遇之恩，姚燮遂给自己取"二石生"为号。

彭玉麟（1816—1890），字雪岑，号雪琴、退省庵主人，又号梅花外子、梅仙外子等。湖南衡阳人。官至兵部尚书。能诗，工书画，尤擅画梅。早岁与梅仙有白头之约，后梅仙父母将梅仙另嫁，梅仙抑郁而亡。梅仙死后，彭玉麟痛不欲生，发誓今生"许作梅花作丈夫"，更名梅花外子、梅仙外子，终其一生画梅万本，以纪念自己青梅竹马的恋人。

况周颐（见本章《别号用梅》之《以梅加称谓名其号》），一生颠沛流离，中年以后居无定所，漂泊异乡达17年之久。1890年夏秋间，况周颐离京赴广州，途经苏州时，与苏州女子桐娟相遇，两人一见钟情。然而，好景不长，是年冬天，桐娟故去。第二年夏天，况周颐从广州北上，

况周颐——"玉梅词人"

到苏州时，凭吊桐娟，写下了"玉梅花下相思路，算而今、不隔三桥。怨良宵，满目繁华，满目萧条"（《高阳台》）、"玉梅不是相思物，不合天然秀"（《探芳信》）等词。回忆初见桐娟的情景，玉梅花下，桐娟拈花一笑，令词人心悦神怡、如醉如痴。从此，况周颐便自号玉梅词人，把自己部分词集命名为《玉梅词》《玉梅后词》，并把自己的词集总称为《第一生修梅花馆词》。

李瑞清（1867—1920），名文洁，字仲麟，号梅痴、梅庵、玉梅花庵主、梅花庵道人等。江西抚州人。光绪二十年（1894）进士，工诗、书、画，尤精书法，教育家、文物家。早年师从余作馨先生，余重其才品，遂将长女玉仙相许，不料玉仙受聘不久便逝去。后来余作馨又将二女（排行六）梅仙许配给他，结婚三年梅仙又因难产而亡。余作馨又将小女（排行七）嫁给他，未料又先于瑞清而亡。

李瑞清从此终身不娶,并以阿梅、梅痴、梅庵等为号,表达对三位夫人的怀念之情。

李瑞清——
"阿某(梅)"

李瑞清——
"梅庵"

李瑞清——
"梅庵主人"

高旭(1877—1925),原名垕,更名堪,字天梅,号剑公、钝剑、汉剑等。上海人。南社创始人之一、诗坛巨子,著有《天梅遗集》《未济庐诗集》等。高旭夫人叫做周红梅,出于夫妻之间的情深意笃,高旭在宅舍四周遍植梅花,人称万梅花庐,又称万树梅花绕一庐,自号万梅花庐主、万树梅花绕一庐主人。周红梅病逝后,高旭再娶,虽然同样夫唱妇随,可高旭仍斩不断自己对红梅的刻骨相思,因之后又自号痴梅、醉梅、枕梅、老梅、梅痴等。

六、精诚之至　梦想成真——以梦境名之

童钰——"梅痴"

童钰(1721—1782),字璞岩,又字二如,号二树、二树山人、梅痴、越树等。浙江绍兴人。善山水,兰、竹、木、石皆工,尤擅写梅。生平所作不下万本,故自刻闲章"万幅梅花万首诗",著有《二树山人集》《香雪斋余稿》等。童钰一生爱梅、画梅、咏梅,对梅花情有独钟。童钰的别号较多,"二树"一号看似与梅无关,其实不然。幼时,友人刘凤冈梦见童钰化为梅花二树,喜告之。从

此童钰即以"二树"为号,且用之最多、最久,至今所见遗墨,多以此号署之。其他别号如二树山人、梅痴、越树等也都与此有关。

魏燮均(1812—1889),原名泰昌,字子亨,后因慕郑板桥(名燮)之为人和学问,遂改名为燮均。辽宁铁岭人。工诗善书。著有《九梅村诗集》《香雪斋笔记》等。18岁那年,魏燮均梦与友人到九梅村探梅,后自号九梅逸叟、九梅居士、九梅村主人等。

郑逸梅(见本章《别号用梅》之《以斋室加称谓名其号》),乳名宝生,读私塾后取学名愿宗,祖父希望他将来有出息,

金农《红绿梅花图》

又为取一字"际云",以期风云际会。后来,郑逸梅在梦中忽见一个石刻,上有"逸梅"二字,因自己本来就爱梅,便把逸梅二字作为别号。他从18岁为《民权报》写稿,开始署名逸梅,到97岁逝世,一直沿用不换。中间偶用纸帐铜瓶室主、冷香、疏影等别号,也与梅有关。南社诗人高吹万赠给郑逸梅一副对联:"人淡如菊,品逸于梅。"菊字与郑逸梅的鞠姓(郑逸梅原本姓鞠)谐音,下联则嵌入郑逸梅的别号,很恰当地概括了郑逸梅的为人和品格。

七、藻耀高翔　风清骨峻——以佳句名之

李康（？—1358），字宁之，号梅月处士。浙江桐庐人。工诗、书画，著有《梅月斋永言》等。其别号梅月处士，取自南唐李廷珪"避暑悬葛囊，临风度梅月"句。

清代陆鼎，字玉润，号梅叶道人。江苏苏州人。布衣，工花卉，能诗，精篆刻，著有《梅叶山房集》。陆鼎在过青莲庵看梅时，曾有"堂上不逢僧，梅叶满阶脱"句，人呼为"陆梅叶"，遂自号梅叶道人。

八、如入兰室　器具同芳——以器具名之

吴均（1718—？），字公三，号梅查。安徽歙县人，寓居苏州。工诗，与扬州二马（马曰琯、马曰璐）相唱和。建别墅名青棠观。著有《青棠馆诗集》。吴均家中有一只梅根制成的酒器，叫"梅查"，形似枯查（即枯槎，竹木筏或木船）。吴钧每次自饮，都会陶然自醉，遂以梅查作为自己的名号，并作《梅查歌》，其中有句云"中空不用巧匠凿，妙制天成贯月槎"（月槎，喻船形酒器）。

蒲华《墨梅图》

第五章 斋居署梅

中国历代文人雅士、政要才俊大都喜欢为自己的居室或书房取一个富有寓意的名字，或以言志，或以自勉，或以寄情，或以明愿。

梅花，作为中国传统的名花，她那傲霜斗雪、凌寒怒放，先天下而春、先众木而花的高尚品格赢得了历代文人墨客的喜爱和敬仰。因此，文人墨客为居室或书房取名字时，有许多是与梅花有关的。

一、珍藏投分　挚爱无垠——根据所藏物品

吴蔚光（1743—1803），字哲甫，号执虚，自号竹桥，别号湖田外史。安徽休宁人，寄籍江苏常熟。书斋名"梅花一卷楼"。擅长古文，诗词尤佳，乾隆四十五年（1780）进士，官至礼部主事。后因身体不佳，辞官归乡（常熟），居家20多年，潜心读书著述。性嗜收藏图书、法帖、名画等，藏

吴蔚光——"某（梅）花一卷楼"

书以万卷计。曾将家中书楼命名为"素修堂"，后来偶得元代王冕《梅花》长卷，珍爱备至，遂名其书斋为"梅花一卷楼"。著有《古金石斋诗前后集》《素修堂文集》等。

· 历代名人与梅 ·

　　黄宗汉（1803—1864），字季云，号寿臣。福建泉州人。道光十五年（1835）进士，官至两广总督兼钦差五口通商大臣。书房为梅石山房。梅石山房原是黄宗汉之父黄祖念的私塾，其被称作梅石山房，是因房前立有梅花石。黄宗汉在任四川总督期间，曾发现一块梅花石，此石高175厘米，宽95厘米，最厚处有40厘米，画面上疏影横斜，暗香浮动，夜间在灯光下熠熠生辉，美丽动人。黄宗汉便差人从四川将此石运回泉州，立于书房前，并因此将书房命名为梅石山房。

福建泉州黄宗汉梅石山房中的梅花石

第五章　斋居署梅

潘遵祁（1808—1892），字觉夫、顺之，号西圃、简缘退士。江苏苏州人。室名香雪草堂、四梅阁等。道光二十五年（1845）进士，任职翰林院，不久乞归，隐居于吴县西之邓尉山，筑别墅香雪草堂，享山居之乐逾40年。工花卉，得承家学，娟洁明净，清新可喜。别墅有阁，因藏有扬无咎《四梅图》，故名其阁"四梅阁"，戴熙为其绘《四梅阁图》。

吴大澂（1835—1902），字止敬、清卿，号恒轩等。江苏苏州人。同治七年（1868）进士，累官至广东、湖南巡抚。一生喜爱金石，并工诗文书画，斋号梅竹双清馆。吴大澂的斋号较多，除少数几个寄情言志的斋号外，其余大多与其收藏有关。梅竹双清馆就是因其藏有王冕的梅和吴镇的竹而得名的。

陈叔通（1876—1966），政治活动家，爱国民主人士。浙江杭州人。清末翰林。主要斋号有千印斋、汉双翏斋、百梅书屋等。陈叔通之

百梅书屋（现为马寅初纪念馆）

• 历代名人与梅 •

父陈豪（字蓝洲），学问渊博，善画工诗，家中收藏甚富。1860年，太平军进攻浙江。兵荒马乱之际，陈家文物悉遭洗劫，仅存明代画家唐寅《画梅》一帧，传至陈叔通手中。此后，陈叔通为纪念其父嗜梅之痴，便广征明清两代画梅之作，先后得金冬心、汪巢林、杭世骏、郑板桥、童二树、陈继儒、李复堂、冒襄等名家100余幅梅花精品；又得高澹游《百梅书屋图》，遂名其居曰百梅书屋。

高野侯（1878—1952），字时显，号欣木、可庵。浙江杭州人。善书画，能篆刻，富收藏，精鉴赏，尤擅画梅。室名梅王阁、方寸铁斋、乐只室等。高野侯一生与梅有缘。其藏品中有一幅王冕的《梅花》长卷，为世间罕见之精品，所以他将自己的画室命名为梅王阁，并在所画梅花上都盖上"梅王阁"和"画到梅花不让人"印。此外，高野侯还藏有前人所画梅花500余件，中堂、条幅、长卷、册页、扇面诸式皆全，故又有"五百本画梅精舍"之称。

高野侯——"梅王阁"

高野侯——"五百本画梅精舍"

吴湖帆（1894—1968），初名翼燕，字遹骏；后更名万，字东庄；又名倩，号倩庵、丑簃等。江苏苏州人。新中国成立前任故宫博物院评审委员会委员，新中国成立后历任上海市文联（第二届）委员、中国美术家协会上海分会副主席、上海中国画院画师。吴湖帆名其居曰梅景书屋，主要因其藏有南宋景定年间刻本《梅花喜神谱》与宋代汤叔雅《梅花双鹊图》两件稀世珍品。《梅花喜神谱》为中国第一部专门描绘梅花种种情态的木刻画谱。因宋时俗称画像为喜神，故名。宋代宋伯仁（字器之，号雪岩，浙江湖州人，曾任盐运司属官，

第五章 斋居署梅

吴湖帆——"某(梅)景书屋"之一

吴湖帆——"梅景书屋"之二

能诗,尤擅画梅)撰绘。吴湖帆夫人潘静淑30岁生日时,其父潘仲午以宋刻《梅花喜神谱》上下两卷代寿仪,吴湖帆作《暗香疏影》词一阕题于卷后,并请高野侯画梅一枝,以记雅韵。

宋代汤叔雅的《梅花双鹊图》被吴湖帆奉为"梅景书屋镇宝"。其跋云:"汤叔雅为扬无咎甥,受画梅遗法。而扬以疏名,汤以密实,千花万蕊,锦簇芳浓,风前月下,不胜繁华春色也。图作老梅一树,枝杆盈百,花朵数千,翠鸟欲语,粉香玉色,绝似锦绣画屏,宋画中神品也。""光绪己丑,与孝钦皇后临本一幅同时赐潘文勤公,后由外舅仲午公付静淑袭藏,今与宋刻《梅花喜神

汤叔雅《梅花双鹊图》立轴

谱》同贮，名吾居曰'梅景书屋'。"吴湖帆在梅景书屋内培养了王季迁、陆抑非、徐邦达等一批著名的书画人才。遗憾的是，2010年春笔者到此考察时，上海嵩山路88号吴湖帆故居旧址已为一座星级酒店所代替。

梅兰芳（1894—1961），名澜，字畹华。江苏泰州人，长期寓居北京。京剧表演艺术家，室名为梅花诗屋。梅兰芳姓梅亦爱梅。其北京的居室缀玉轩也与梅花有关（详见本章《斋居署梅》之《转益多师 承人启己——化用诗词佳句》）。后来，梅兰芳得到清代金农的隶书"梅花诗屋"斋额，正合自己的姓氏及字（梅兰芳字畹华，"华"与"花"通），所以，梅兰芳迁居上海后，遂将自己的客厅兼书房取名为梅花诗屋。

二、返璞归真　顺乎天性——根据居住环境

明宪宗《一团和气图》
（左侧着道冠者为陆修静）

陆修静（406—477），字元德。浙江湖州人。三国吴丞相陆凯之后裔。南朝宋著名道士，早期道教的重要创设者之一。陆修静少宗儒学，博通坟籍，旁究象纬，又性喜道术，精研玉书；及长，好方外游，遗妻弃子，入山修道；初隐云梦，继栖仙都；为搜求道书，寻访仙踪，遍游名山，声名远播；数年如一日，遍阅道经，著有《斋戒仪范》。陆修静隐居湖州金盖山春谷时，结庐修

习,植梅自给,并名其居曰"梅花馆"。金盖山上的古梅花庵就是因陆修静曾在此植梅、修炼而得名的。

许棐(?—1249),字忱夫,号梅屋。浙江海盐人。嘉熙年间(1237—1240)隐居秦溪,于溪南植梅数十树,溪北筑小庄,储书数千卷,丹黄不休。室中对悬白居易、苏轼二像,朝夕事之。又植梅于屋之四檐,故称梅屋。著有《梅屋集》、《梅屋诗余》等。

宋代许蕲,诗人。著有《梅屋诗稿》《梅屋三稿》《梅屋四稿》等。书屋四周遍植梅花,故称其为梅屋。

宋代吴龙翰,字式贤。安徽歙县人。工诗,著有《古梅吟稿》。据《歙县志》记载,吴龙翰的故乡"古梅突兀连理而茂"。吴龙翰家中亦有老梅,故以古梅为号,住处名古梅窝。

元代吴镇(见本书第四章《别号用梅》之《以"梅"名其号》),斋号梅花庵。其洁身自好,性情孤峭,虽颇有才气,却无意功名。早年壮游天下,归来时已年过半百,故居只剩断垣残壁,他便在旧基上重建三间陋室,四周遍植梅花。一日,吴镇坐在室内饮酒作诗,见门前有梅花分成五丫,枝上朵朵梅花绽开。观赏之余,顿觉梅花冷傲品性与自己的性格相通、相融,遂名其居室为梅

吴镇故居——梅花庵

花庵。

元代王冕（见本书第四章《别号用梅》之《以"梅"名其号》），室名梅花屋。王冕生平喜梅，不但为梅花写传，而且还隐居九里山，植梅千株，结庐三间，自题梅花屋。

九里山王冕故居——梅花屋

元代林弼（见本书第四章《别号用梅》之《直接以环境名其号》），室名梅雪斋。

元代马铎（见本书第四章《别号用梅》之《直接以环境名其号》），在公务之余多以读书、鼓琴自娱，喜欢住在山林胜景之地，名其书房为梅岩书室。

元代韦珪（见本书第四章《别号用梅》之《直接以环境名其号》），酷嗜梅花，故将其读书处名为梅雪窝。

明代周复俊（1496—1574），初名复辰，字子籲，号木泾，室名六梅馆。江苏昆山人。嘉靖十一年(1532)进士,官至南京太仆寺卿。工诗文,著有《六梅馆集》等。

明代王圻(见本书第四章《别号用梅》之《直接以环境名其号》),致仕归故里后,筑室上海吴淞江畔,辟地植梅万株,题室额梅花源。

明代周履靖(见本书第四章《别号用梅》之《直接以环境名其号》),室名梅花斋。周履靖痴爱梅花,曾在嘉兴鸳湖之滨建造闲云馆,馆后种植300多株梅花。每当冬雪飘飞时候,梅花纷纷破寒绽蕊,周履靖遂穿上羽衣,坐在梅林里开怀畅饮,吟咏终日。有时在明月高挂的夜晚,周履靖独自一人披衣携酒到梅树下,彻夜浅斟低酌。

王锡爵(1534—1614),字元驭,号荆石。江苏太仓人。嘉靖四十一年(1562)会试第一,殿试第二,官至内阁宰辅。明万历年间,王锡爵在家乡太仓建南园。因为爱梅,园中遍植梅花,园中有些主要建筑也是因梅而名。一是绣雪堂,这是南园的主厅,是王锡爵和

王锡爵南园主厅——绣雪堂

其孙子王时敏接待客人的主要场所，堂额由明文学家、史学家王世贞书写，厅内的楹联为"疏影横斜苑中玉树银镶出，暗香浮动帘外花枝雪绣成"；二是"崔梅仙馆"，人称花厅（旧式住宅中大厅以

王锡爵南园——崔梅仙馆和梅树

外的客厅）。此厅前原来有一株老梅，王锡爵将其扎成鹤形，名为"一只瘦鹤舞"，并将此厅命名为"崔梅仙馆"（此"崔"没鸟字，是因为它非指鸟，而是指梅）。

王锡爵南园——"崔梅仙馆"匾额

第五章 斋居署梅

冯梦祯（1548—1605），字开之，号具区，又号真实居士。浙江嘉兴人。万历五年（1577）进士，累迁至南京国子监祭酒。晚明时期著名文学家、佛教居士。政治失意后定居杭州。晚年在西溪永兴寺边建西溪草堂，并出资重建永兴寺。永兴寺建好后，冯梦祯亲手在永兴寺禅堂前种下两株绿萼梅，禅堂因此被名为二雪堂。

张大复（1554—1630），字元长，号病居士。江苏昆山人。斋室名闻雁斋、梅花草堂等。张大复喜交友，好读书，博学多识，为人旷达，兴趣独特，以所著《梅花草堂笔谈》闻名于世。据张安淳（张大复嗣孙）在《笔谈·刊刻记》中的回忆及其他零星记录可知，张大复的梅花草堂原先共有屋7间，面山临水，风景秀丽。东接兴贤里，西邻县儒学。钱谦益为其所作的墓志铭中云：

> 所居梅花草堂，古树横斜，席门蔽亏。轩车至止，户屦相错。
> 君从容献酬，谈谐间作。

张大复一生很少外出，一直住在这里靠著述过活。

钱谦益（1582—1664），字受之，号牧斋，晚号蒙叟、东涧老人，室名梅圃溪堂。江苏常熟人。万历三十八年（1610）进士，授编修，官至礼部侍郎，明末清初文坛领袖，散文家、诗人。钱谦益爱梅，梅圃溪堂是他的别业拂水山庄八景之一。钱谦益《梅圃溪堂》中云："梅花村落傍渔庄，寂历繁英占草堂。""秋水阁之后，老梅数十株，古干虬缪，香雪浮动。今筑堂以临之。"（钱谦益《山

钱谦益小像

庄八景诗八首》之七《梅圃溪堂》"序")可见,梅圃溪堂的确是钱谦益喜欢的佳境之一。

钱谦益梅圃溪堂

徐谼(约1582—1662),原名上瀛,号青山,明亡后改名谼,号石帆,室名大还阁、梅花庵、万峰阁等。江苏太仓人。明末清初琴家,武举出身,曾参与抗清,后隐于吴门,著有《溪山琴况》,对后世琴文化的发展影响重大。

张次仲(1589—1676),字元岵,号待轩,室名梅花书屋。浙江海盐人。工诗文,著有《春秋随笔》等。

明代萧云从(见本书第四章《别号用梅》之《以"梅"名其号》),室名梅筑。平生酷爱梅花,每每以梅花自喻,故将其居所称为梅筑。

萧云从——"钟山梅筑"

第五章 斋居署梅

张岱（1597—1679），字宗子，又字石公，号陶庵，别号蝶庵居士。浙江绍兴人。明末清初文字家。出身仕宦家庭，早年过着衣食无忧的生活，晚年穷困潦倒，避居山中，仍然坚持著述。著有《陶庵梦忆》《西湖梦寻》《三不朽图赞》《夜航船》等。张岱的书房——梅花书屋建在一座倾颓的老楼后面。张岱在《陶庵梦忆》中这样记述他的梅花书屋：

张岱《陶庵梦忆》书影

> 陔萼楼后老屋倾圮，余筑基四尺，乃造书屋一大间。旁广耳室如纱幮，设卧榻。前后空地，后墙坛其趾，西瓜瓤大牡丹三株，花出墙上，岁满三百余朵。坛前西府二树，花时积三尺香雪。前四壁稍高，对面砌石台，插太湖石数峰。西溪梅骨古劲，滇茶数茎，妩媚其旁。梅根种西番莲，缠绕如缨络。窗外竹棚，密宝襄盖之。阶下翠草深三尺，秋海棠疏疏杂入。前后明窗，宝襄西府，渐作绿暗。余坐卧其中，非高流佳客，不得辄入。慕倪迂"清闷"，又以"云林秘阁"名之。

可见，梅花书屋简洁雅致，就是一个疏朗有致、格调清新的花园。

左懋第（1601—1645），字仲及，号萝石。山东莱阳人。室名萝石山房、梅花屋等。著有《左忠贞公剩稿》《梅花屋诗抄》等。

冒襄（1611—1693），字辟疆，号巢民，一号朴庵，又号朴巢，室名影梅庵（在冒襄府第水绘园内）。江苏如皋人。明末清初学者、诗人。爱妾董小宛生前喜欢梅花，病逝后，将其葬于影梅庵（如皋南门城外近郊处）旁，并在坟墓周围种植梅花。冒襄面对冷月梅影、黄土白骨，经常追忆往事，怀念董小宛。后来，冒襄又满怀深情，写下了著名的《影梅庵忆语》，以表悼念之情。

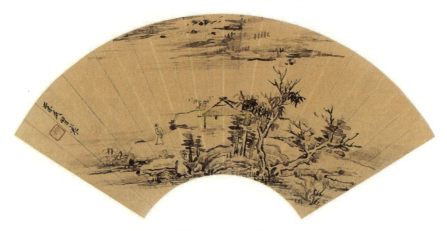

冒襄《秋亭高士图》

张若仲（1612—1695），字声玉，号次峦，人称丹山先生，室名梅花书屋。福建漳浦人。崇祯十三年（1640）进士，选为知州，为官清廉简约。明亡后隐居丹山，开辟一片山地，部分种植果蔬，部分种植耐寒高雅的梅竹，清修独善，颐养天年。

周亮工（1612—1672），字元亮，号栎园，又号陶庵、减斋、适园等，室名赖古堂、恕老堂、古梅花楼。河南开封人。崇祯十三年（1640）进士，官至浙江道监察御史。博览群书，爱好绘画篆刻，工诗文，著有《赖古堂集》《读画录》等。

归庄（1613—1673），字尔礼，又字玄恭，号恒轩，室名梅花楼。江苏昆山人。善文、书、画，尤擅画竹，亦工诗，善草书。著有《恒轩诗集》等。

何之杰（1621—1699），字伯兴，又字毅庵，室名梅花楼。浙江杭州人。工诗文，著有《伯兴诗选》《梅花楼集》等。

汪之顺（1622—1677），字平子，号梅湖，室名梅湖草堂。安徽怀宁人。工诗，著有《梅湖诗集》。

吕留良（1629—1683），字用晦，号晚村，别号耻斋老人、耻翁、吕医山人、南阳布衣等，暮年削发为僧。浙江桐乡人。思想家、医学家。室名梅花阁。著有《吕晚村先生文集》等。

吴之振（1640—1717），字孟举，号橙斋，别号竹洲居士。室名梅花阁。

乔莱（1642—1694），字子静，一字石林，别署画川逸叟。江苏宝应人。室名梅花庄、二百四十本梅花书屋等。戏曲作家、文学家，工画山水，富收藏。康熙六年（1667）进士，授翰林院编修。参与撰修《明史》，著作有《应制集》《归田集》等。

明代尤文，字文达，号务朴先生，室名一梅轩。江苏无锡人。

陈继儒《梅石水仙图》

明代尤谦，字士和、士谦，室名梅花书屋。江苏无锡人。

明代文燠，字木生，室名梅花居。湖南华容人。

明代王照，字秋朗，室名梅花庵。浙江嘉兴人。

明代刘宗重，字彝伯，室名梅花墅。浙江永嘉人。

明代刘祖满，字兰雪、畹卿，室名梅妆阁。广东广州人。工诗，著有《梅妆阁集》。

明代朱熊，字维吉，室名梅月轩。江苏江阴人。

明代沈太洽，字愚公，号雪樵，室名梅花屋。浙江杭州人。工诗。

明代沈鸣求，字与可，号贞憨子、贞憨先生，室名梅源草堂。上海人。工书。

明代陆树德，字与成，号阜南，室名梅南草庐。上海人。

明代陈咨稷，字子育，号邰公，室名梅花草堂。江苏常州人。

明代周赞，字叔襄，室名梅月轩。广西桂林人。

明代罗鹗，室名梅花园。广东广州人。

明代郁起麟，室名梅花草堂。湖南石门人。

明代郑环，字瑶夫，号栗庵，室名梅花书屋。浙江杭州人。天顺四年（1460）进士，官至南京太常寺少卿。

明代南尧民，字思尹，室名梅雪窝。浙江乐清人。

明代赵宸，室名梅花堂。河北定兴人。

明代徐来风，字仪甫，号钟陵，室名玉梅馆。江西南昌人。工文史。

明代徐应震（见本书第一章《择地植梅》之《山林植梅》），徐霞客族兄。与徐霞客同庚，又同有"爱山之癖，赏梅之趣"。祖上曾建梅园于小香山，传至徐应震时，扩地栽梅，并筑梅花堂于梅园之侧。原来的梅花堂早已湮没。现在的梅花堂是当地政府于2005年重建的。

• 第五章　斋居署梅 •

小香山梅花堂

明代盛宗龄，字长庚，室名梅花园、羊角山房等。江西常州人。

明代萧佑，号居易子、居易先生，室名梅竹山房。江西吉安人。著有《梅竹山房稿》。

汪森（1653—1726），字晋贤，号碧巢，藏书楼和家刻堂号有裘杼楼、梅雪堂、小方壶、拥书楼等。浙江桐乡人。藏书家。著有《小方壶丛稿》等。

李瑛（1661—1732），字玉树，号竹亭，室名梅月楼。山东邹平人。

李方膺（1695—1755），字虬仲，号晴江，又号秋池、借园主人、白衣山人等，书斋名梅花楼。江苏南通人。先后任山东兰山（今临沂）、安徽潜山、合肥知县，代理滁州知府等。为官有善政，后因不善逢迎被罢官，寓居金陵借园，自号借园主人，为"扬州八怪"之一。李方膺一生爱梅，擅画松、竹、兰、菊，尤长于画梅。李方膺原住南通寺街，庭院周围栽满梅树，宅内有楼，充作画室，名曰梅花楼。

· 175 ·

· 历代名人与梅 ·

现在李方膺故居为南通市居民居住，年久失修，故居内梅花楼已在 20 世纪 60 年代被拆除。

李方膺故居

秦兆雷（1722—1781），字豫吉，号介庵，室名梅花书屋。江苏无锡人。

侯学诗（1726—1792），字起叔，号苇园，室名梅花草堂、八月梅花草堂、冷月梅花草堂。江苏南京人。乾隆三十六年（1771）恩科进士，工诗文，善写意花卉，著有《梅花草堂诗集》。

吴克谐（1735—1821），字夔庵，号南泉老人。浙江桐乡人。工画，一生未仕，悉心经商，家道富裕后，于宅后筑小园，筑南泉书室、梅花馆、喜雨轩、写韵楼等。吴克谐爱梅，他在《南泉梅花小影记》中云：

> 余性于花木无不爱，而尤酷于梅居赏。自念人生有田一区、屋一厘，种梅数十、木构小阁，名之"梅花馆"，以终老于其

上，亦野人之至乐矣。年二十，手作印曰"梅花馆主人"，以自寿自最（醉）也。

遗憾的是，现南泉书室仅存部分建筑（据专家考证，为吴克谐"二十四砚斋"），且年久失修，梅花馆等建筑已了无痕迹。

孙志祖（1737—1801），字贻谷，亦作颐谷，号约斋，室名梅东书屋。浙江杭州人。乾隆三十一年（1766）进士，官至江南道监察御史。工文史，著有《家语疏正》等。

瞿远村（1741—1808），江苏太仓人。富商。乾隆末年买下宋宗元"网师小筑"（即网师园）后，筑梅花铁石山房、小山丛桂轩等。

余省《梅花图》

徐旭曾（1751—1819），字晓初，室名梅花阁。广东和平人。嘉庆四年（1799）进士，官至户部主事。辞官后，先后掌教广州越秀书院和惠州丰湖书院。工诗，著有《梅花阁吟草》。

孙星衍（1753—1818），字伯渊，号渊如，斋号五梅园。江苏常州人。乾隆五十二年（1787）进士，授翰林院编修，改刑部主事。

去官后，先后主讲扬州安定书院、绍兴戢山书院。清代著名经学家、校勘学家、骈文家，工篆隶。著有《芳茂山人诗录》《孙渊如外集》《岱南阁集》等。

孙星衍作品书影

计楠（1760—1834），字寿乔，号老隅、甘泉外史，藏书楼为梅花西舍。浙江嘉兴人。工诗善画，尤喜画梅。著有《墨林今话》。

张作楠（1772—1850），字让之，号丹村，室名梅簃。浙江金华人。嘉庆十三年（1808）进士。天文学家，富藏书，著有《翠微山房遗诗》《梅簃随笔》等。

张培敦（1772—1846），字砚樵，号胥江钓徒，室名如画楼、石室梅堂等。江苏苏州人。精鉴藏，工山水、花卉，善行书。

吴大冀（1773—1834），字应阶，号荫斋，室名梅花书屋。安徽歙县人。吴大冀阅历丰富，读书喜观大略，热心公益事业。他以教子读书为务，故在住宅东南面构建梅花书屋作为家塾，并自制联语："传家惟有十三经读过无忘便为佳子弟，插架何须千万卷用来恰当即是好文章。"

· 178 ·

姚元之(1773—1852),字伯昂,号荇青,又号竹叶亭生,室名大梅山馆。安徽桐城人。嘉庆十年(1805)进士,内阁学士,擅画人物、花卉,善隶书。

张瑞溥(1776—1831),字百泉,号鉴湖。浙江永嘉人。道光初年,引疾辞官归乡,在谢灵运池上楼旧址旁购置田地,临池建屋,取名如园。园内重建池上楼三间,并建有春草轩、鹤坊、梅花书屋等。

徐国揩(1778—1863),字子觐,号笏亭,别号绿荫居士,室名绿荫草堂、梅花书屋。湖南长沙人。工书,富藏书。尝购绿荫草堂于西郊,栽梅种竹,自得其乐。

顾翎(1778—1849),字羽素,所居绿梅影楼。江苏无锡人。性爱梅,工诗词,著有《苣香词》。

陈铣(1785—1859),字莲汀,室名梅花精舍。浙江嘉兴人。精鉴藏,善书,工写生,尤长于梅花小品。

八大山人《墨梅》

· 历代名人与梅 ·

清代冯承辉（见本书第四章《别号用梅》之《以梅加称谓名其号》），晚年尤喜画梅，居室庭园种植梅花八九株，室名梅花楼。

曹应枢（1791—1852），字尊生，号秋槎，室名梅雪堂。浙江瑞安人。工诗，著有《梅雪堂诗集》。

刘喜海（1793—1853），字吉甫，号燕庭，室名十七树梅花山馆。山东诸城人。金石学家、古泉学家，富藏书，著有《金石苑》等。

潘焕龙（1794—？），字四梅，号卧园，室名四梅花馆、四梅花屋。安徽歙县人。工诗，著有《四梅花屋诗钞》等。

林星章（1797—1841），字景芸，又字锦云，号古畬，室名二梅书屋。福建福州人。道光六年（1826）进士。二梅书屋为林星章的书房，是林星章故居（现在，人们将故居的整座院落统称为"二

林星章"书房"——二梅书屋

梅书屋")的一部分。林星章故居始建于明末,位于福州郎官巷西口,是福州明清时期典型的民居代表。院落共五进,后门通塔巷。第四进为二梅书屋所在地,屋前植有两株梅花,取斋名为"二梅书屋",2006年被公布为全国重点文物保护单位。

林星章"书房"——二梅书屋内部

顾复初(1800—1893),字幼耕,号道穆、罗曼山人等,室名梅影盦。江苏苏州人。工诗、古文辞,善书画,著有《罗曼山人诗文集》等。

清代姚燮(见本书第四章《别号用梅》之《以"梅"名其号》),中年以后,靠卖墨梅所得建筑大梅山馆,并在此藏书逾万卷。遗憾的是,随着姚燮的离世,大梅山馆已荡然无存。

姚燮——"大梅山馆"

• 历代名人与梅 •

姚济（1807—1876），原名大本，字铁梅，号东皋庑下生，室名一树梅花老屋。上海人。工诗，著有《一树梅花老屋诗》。

杨翰（1812—1879），字海琴，号樗盦，别号息柯居士，室名三十树梅花书屋。河北高碑店人。道光二十五年（1845）进士，好金石，精鉴赏，工诗书。

王拯（1815—1876），原名锡振，以服膺包拯而改名，字定甫，号龙壁山人，室名十二洞天梅花书屋、渝斋、寄心庵等。祖籍浙江绍兴，生于广西桂林。道光二十一年（1841）进士，古文大家，兼善诗词、书画，著有《龙壁山诗文集》等。

陈式金（1817—1867），字以和，号寄舫，室名古梅馆、可竹居、适园等。江苏江阴人。能诗，善画，富收藏，著有《适园自娱草》等。

林占梅（1821—1868），一名清江，字雪村，号鹤山，书斋二十六宜梅花书屋。台湾新竹人，祖籍福建厦门。林占梅始祖初来台湾时，先是到台南一带，发迹后迁居到新竹的竹堑城。道光二十九年（1849）在竹堑西门内建一庄院，占地十余亩，名曰潜园。园内泉石清幽，梅竹荟萃，建有海棠亭、拈香楼、师韫轩、雪香馆、二十六宜梅花书屋等。其中，二十六宜梅花书屋为潜园最胜处。

傅岱（1822—1880），字应谷，号江峰，室名守梅山房。浙江诸暨人。自幼好学，才识渊博，本想求取功名，但屡试不第，于是

傅岱——"守梅山房"

在诸暨街亭镇梅岭山下建造房屋,把全部精力用在对两个儿子的培育上,后两个儿子都成为饱学之士。

金农《空香沾手》

潘喜陶(1823—1900),字芝畦,号燕池,又号朴庐,室名梅花庵。浙江海宁人。工书,善画,尤善墨梅。

陈鸿诰(1824—1884),字曼寿,室名味槑(槑,古梅字)华("华"通"花")馆。浙江嘉兴人。喜吟咏,善书画。

刘履芬(1827—1879),字彦清,一字䌽生,号沤梦,藏书处曰红梅阁。浙江江山人,随父客居苏州。博学多才,尤工诗词,为清代浙西词派的主要代表,著有《古红梅阁遗集》等。

陈方平(1827—1892),字敬谨,号端崖,室名梅花书屋。广东潮州人。工诗,著有《梅花书屋诗钞》。

赵宗建(1828—1900),字次侯,号次公,别号非昔居士,室名非昔轩、味梦轩、旧山楼、古春书屋、梅颠阁等。江苏常熟人。

藏书家。著有《梦鸥笔记》《旧山楼书目》《旧山楼诗录》等。

丁彦臣（1829—1873），字筱农，室名梅花草庵。浙江湖州人。精鉴赏，著有《梅花草庵藏器目》。

汪廷栋（1830—1909），字云莆，号芸浦，刻书室名闻梅旧塾。安徽歙县人。自幼家学渊源，专注数学及舆地学研究，属清末有贡献的科技人物。著有《二华开河浚渠图说》。

宋志沂（1830—1860），字铭之，号浣花、浣花生、咏春等，室名梅笛庵、浣花馆。江苏苏州人。善诗词，工书法，著有《梅笛庵词剩稿》。

章永康（1831—1864），字子和，别号瑟庐，室名瘦梅书屋。贵州大方人。咸丰二年（1852）进士，精通经、史、子、集，擅长

高凤翰《老树新葩》

诗词等，著有《瑟庐文集》《瘦梅书屋诗存》等。

丁丙（1832—1899），字嘉鱼，别字松生，室名八千卷楼、善本书室、梅溪书房等。浙江杭州人。藏书家、出版家，工人物、山水、花卉等，著有《庚辛泣杭录》等。

陈撰《墨梅》

董念菜（1832—1899），字味青，号小匏，室名梅泾草堂（梅泾即濮院。濮院是杭嘉湖平原的一个古镇，古称梅泾、幽湖，又名濮川等。梅泾多梅花，每入冬季，河畔梅花绽放，蔚为壮观）。浙江嘉兴人。工文史，精金石书画，尤喜画梅，有"董梅花"之称。

谢庸（1832—1900），一作谢镛，字梅石，号瑞卿，室名梅石庵。江苏苏州人。工篆刻，尤擅镌碑，为吴中第一高手。著有《梅石盦印鉴》《梅石临百二古铜印谱》等。

王尔度（1837—1919），字顷波、顷陂，室名古梅阁。江苏江阴人。工篆、隶，精篆刻。

陈豪（1839—1910），原名钟锜，字蓝洲，号迈庵、墨翁，又号怡园居士，晚号止庵老人。室名冬暄草堂、冬烟草堂、松风梅月之轩等。浙江杭州人。陈叔通之父。工诗善画，喜画梅，著有《冬暄草堂遗诗》等。

李鱓《石梅图》（局部）

清代丁佩，字步珊，室名十二梅花连理楼。上海人。著有《绣谱》，是中国第一部专论刺绣技法及品鉴的著作。

清代王学粲，室名梅花书屋。江苏苏州人。

清代王荫福，字梅叔，室名三百树梅花庵。河北正定人。

清代王箴舆，字敬倚，号孟亭，室名七十五梅树溪堂。江苏宝应人。康熙五十一年（1712）进士。

清代冯金铦，室名六梅书屋。江苏金坛人。

第五章 斋居署梅

清代叶廷勋,字南海,号光常,室名梅花书屋。广东广州人。工诗。

清代叶梦珠,字滨江,号梅亭,室名九梅堂。上海人。工文史。

清代刘近宸,室名梅月山楼。福建长乐人。

清代刘鸣玉,字枫山,号凤冈,室名梅芝馆。浙江绍兴人。擅画梅,工书,著有《梅芝馆诗集》。

清代孙嘉瑜,字吟秋,室名梅影山房。安徽寿县人。工诗。

清代毕华珍,字子筠,室名梅巢。江苏太仓人。擅画山水,工吟咏。

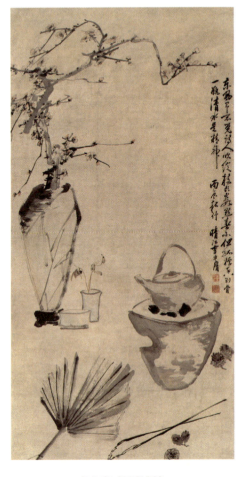

李方膺《清供图》

清代毕汾,字晋初,号绣佛女史,室名梅花绣佛楼。江苏太仓人。工诗,著有《梅花绣佛斋草》。

清代严钟清,室名三十树梅花书屋。浙江桐庐人。

清代吴山秀,字人虬,号晚青,室名小梅花庵。江苏苏州人。寓居浙江湖州。善山水、花卉。

清代吴钧,字陶宰,号玉田,室名梅花书屋、选钱斋等。上海人。工文史,精鉴赏(古钱币),著有《选钱斋笔记》等。

清代吴懋谦,字六益,号独树老人,室名梅花书屋、独树园等。

上海人。工诗。

清代宋安涛，字鹤衣，室名十二梅花书屋。四川双流人。工诗善书，著有《十二梅花书屋吟草》。

清代宋其沅，字湘帆，号玉溪，室名梅花书屋。山西汾阳人。嘉庆四年（1799）进士，工诗，著有《梅花书屋诗集》。

清代陈敬斋，性嗜梅，在扬州城东二里许建构别墅。植梅数十亩，名曰梅庄，郑板桥曾为其撰《梅庄记》以记之。

清代张若采，字谷漪，号子白，室名梅屋。上海人。乾隆五十五年（1790）进士，工诗，著有《梅屋诗钞》。

清代志禅，室名梅影庐。上海人。

清代李士瑜，字丹崖，室名老梅书屋。山东巨野人。

清代李崧霖，字梦莲，室名三十六树梅花书屋。四川中江人。工山水，善诗，著有《三十六树梅花书屋诗钞》。

金农《墨梅图》

清代杨学煊,字春谷,室名一树梅花书屋。贵州黔西人。工诗,著有《一树梅花书屋诗钞》。

清代杨振录,室名古梅书屋。上海人。

清代杨铎,字石卿,号石道人,室名三十树梅花书屋。河南商城人。精金石学,善花卉,著有《三十树梅花书屋诗草》。

清代汪光甲,字升元,室名百梅楼。浙江嘉兴人。

清代汪澍,字味芸,一字一江,室名古梅溪馆。浙江嘉兴人。工词。

清代沈三曾,字尹斌,室名十梅书屋。浙江湖州人。康熙十五年(1676)进士,善书,工诗文。

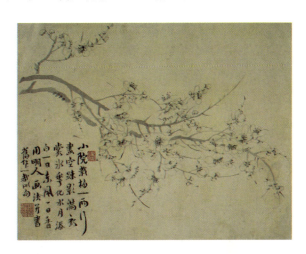

汪士慎《绿梅图》

清代沈士纶,室名红梅山馆。江苏江阴人。著有《红梅山馆存稿》。

清代沈同甫,室名玉梅盫。江苏常熟人。

清代陈大龄,号鹤汀,室名红梅花阁。江苏常熟人。工花卉,善篆刻。

清代陈时升,字随轩,室名双梅轩。江苏高邮人。通经史,工诗文,著有《双梅轩文存》《双梅轩诗存》等。

清代陈迪南,亦作陈笛斓。湖南湘阴人。早年家境贫寒,父亲早逝,母子相依为命。后偕母游学,在湘阴姚家坡(即现在樟树镇百梅村)定居。室名百梅书屋。工诗文,擅画梅花。在随左宗棠收复新疆的过程中,屡出奇谋。后因四子中有三子相继谢世,陈迪南

· 历代名人与梅 ·

伤心欲绝，遂辞官还乡，在姚家坡置办田产。因为酷爱梅花，便建起"百梅书屋"。居室外有梅园，植梅百余株。梅花开时，香飘数里之外。

清代陈春熙，字明之，号雪厂，室名红梅花阁。浙江海宁人。工书，尤善篆刻竹。

清代陈遇尧，字皋如、秋坪，室名古梅轩。浙江海宁人。

清代邹均，字寿泉，室名十二树梅花书屋。江西南丰人。工诗、古文辞。生性坦荡，才华横溢。重气节，怀经国济世之志。著有《十二树梅花书屋全集》等。

清代周序鸾，字孟朔，室名梅花书屋。广东东莞人。曾在陕西任知县。母丧归，无意出仕，始营治园墅，种梅数百株。工诗，喜画梅，著有《梅花书屋诗》。

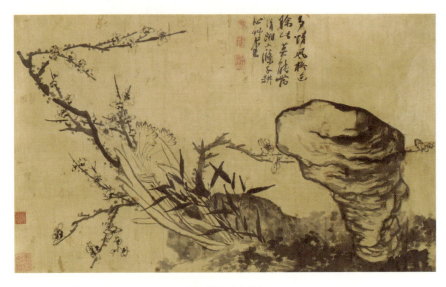

石涛《梅石水仙》

清代欧阳鼎，室名梅花书屋。四川广安人。

清代欧秀松，字雅川，室名梅花阁。湖南浏阳人。工诗。

清代范桂鄂，室名梅雪山房。河北藁城人。工诗文，著有《梅雪山房》。

茆泮林（？—1845），字雩水，室名梅瑞轩。江苏高邮人。好藏书，著有《毛诗注疏校勘记校字补》，辑有《楚汉春秋》等。

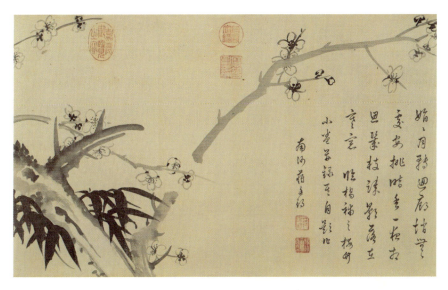

蒋廷锡《梅竹》

居巢（？—1889），字士杰，号梅生，室名梅巢、今夕庵、瓯香馆等。广东广州人。工花卉、虫鱼，能诗词，善书法。著有《昔邪室诗》等。

清代侯炜，字景文，号石琴，室名铁梅馆。江苏无锡人。善擘窠书，尤精汉隶。自言曾游某氏园，见怪石森立，老梅古干偃仰，忽悟八分笔法，书学遂大进。

清代查映玉，字春帆，号璧人，室名梅花书屋。浙江海宁人。工诗。

清代段维，字纲伯，号用霖，室名梅雪堂。陕西宝鸡人。光绪二十九年（1903）进士，工诗文，著有《梅雪堂文集》等。

历代名人与梅

八大山人《梅花苍鹰图》

清代胡绍泉,室名双梅轩。浙江嘉兴人。

清代胡筠贞,字竹仙,室名韵梅阁。湖南常德人。工诗,著有《韵梅阁诗草》。

清代胥庭清,字永公,室名梅花书屋。江苏南京人。工诗,著有《梅花书屋诗》。

清代赵莲,字菱舟,号凌舟,一号玉井道人,室名画梅庐。浙江海盐人。道士。工诗,擅画梅,能篆刻。

清代凌丹陛,室名六梅书屋。浙江湖州人。善散曲。

清代凌霞,字子与,号病鹤、病鹤布衣,室名梅花草庵、二金梅室、天隐堂、三高遗墨楼等。浙江湖州人。工诗书,擅写梅,著有《天隐堂稿》《三高遗墨楼集》等。

清代徐凤冈,室名玉梅花馆。江苏昆山人。

清代徐光发,字润斋,室名梅花仙馆。上海人。工诗,著有《梅花山馆诗钞》。

清代殷佳实,室名梅花书屋。江苏镇江人。工诗,著有《梅花书屋诗草》。

第五章　斋居署梅

清代钱辰吉，字迪甫，号小槎，室名梅花书屋。浙江杭州人。

清代钱薖生，字佩芬，号杜香，室名梅花阁。浙江平湖人。工诗善画，著有《梅花阁遗诗》。

清代顾湛，字凝如，室名半梅堂。贵州黎平人。

清代高业成，室名玉梅山房。湖北江陵人。

清代清璧，字映山，室名老梅山房。江苏苏州人。

清代章国录，字令思，室名梅韵楼。江西瑞昌人。雍正二年（1724）进士，为官公正，有口皆碑。工诗文，著有《梅韵楼诗文集》。

高凤翰《梅月双清图》

清代萧品清（见本书第四章《别号用梅》之《以环境加称谓名其号》），室名六梅山房。

清代黄叔元，字幼山，室名补梅花庐。浙江宁波人。工诗，著有《补梅花庐诗集》。

清代黄春谷，嘉庆年间住江苏扬州双桥巷。院内有一奇石、梅一株，故名其斋双桥一石一梅书屋。

清代黄帝臣，字敬卓，号忆趋，室名梅麓轩。福建莆田人。工诗善书，著有《梅麓轩诗集》。

• 历代名人与梅 •

清代龚有晖,室名梅花书屋。重庆人。工书画。

清代傅之奕,字嗣期,室名双梅堂。贵州仁怀人。工诗。

清代傅鼎乾(见本书第四章《别号用梅》之《以梅加称谓名其号》),室名梅花一卷楼。

清代蒋鸣珂,字佩朝,号兰宜,刻书室名一梅轩。浙江杭州人。善刻书。

清代蒋鸿渐,室名竹梅斋。江苏常州人。

清代蔡蓉升,字斐成,号雪樵,室名梅花山馆。浙江湖州人。工诗文,著有《梅花山馆诗文集》等。

清代管滋琪,字奇玉,室名梅花书屋。江苏常州人。其祖父管绍宁是崇祯元年(1628)探花,著名诗人、书法家。清兵南下时,因不剃发全家被斩。只有管滋琪为仆人童明高之妻所乳,童明高哀主人一门惨死,乃以己子相易而获免,使管绍宁一脉得以延续。管滋琪长大后中过秀才,此后即居家并筑梅花书屋,寄情于书画。

王琛(1840—1902),字燕生,号雪庐、雪翁、补园居士、半舫主人。斋堂号有希范堂、止止之庐、雪苑、半舫、小平安馆、松左梅右草堂等。河南鹿邑人。嗜印,存世有《半舫印存》《雪庐百印》等。

金尔珍——"梅花草堂"

金尔珍(1840—1919),字吉石,号少芝,室名梅花草堂。浙江嘉兴人。工书画,精鉴赏,嗜金石,善刻印。国画侧重山水,尤喜梅花。著有《金孝女传》。

唐景嵩(1841—1903),字维卿,室名五梅堂。广西灌阳人。同治四年(1865)进士,工诗文。

郭庆藩(1845—1891),字孟纯,号子游、岵瞻,室名十二梅花书屋、淡然庵。湖南湘阴人。工诗文，著有《十二梅花书屋诗集》等。

管鸿词（1848—1918），字景霞，号仙裳，又号锄园，室名梅花阁。浙江海宁人。工诗文，善书。

沈翰（见本书第四章《别号用梅》之《以斋室加称谓名其号》），其居室原为董其昌故居，厅堂前有梅树十二株，传为董其昌手植。此屋归沈翰后，便名之为十二梅花馆。

张謇（1853—1926），字季直，号啬翁，室名介山堂、石林阁、清远楼、梅垞等。江苏南通人。光绪二十年（1894）状元，近代著名实业家、教育家，主张"实业救国"。张謇一生十分爱梅，民国初年在南通黄泥山西面的镶山种植大量梅花，称为"梅垞"（垞，意为低矮的小山丘），并以梅垞名其居。梅垞建成后，张謇经常在此吟诗、会客、休息，并留下了许多诗文。

张謇梅垞（张謇故居展览室）

郑文焯（1856—1918），字叔问，号小坡，晚号大鹤山人，室名梅鹤山房。辽宁铁岭人。工诗词，善书画，通医理，著有词集《瘦碧》和《冷红》，医书《医诂》等。

祁世倬（1856—1930），字汉云，室名双梅五桂轩。江苏徐州人。

工诗文，著有《双梅五桂轩集》。

梁鼎芬（1859—1919），字星海，号节庵，室名六梅堂。广东广州人。近代著名学者、藏书家。喜读书，性嗜酒，擅长书法诗文，著有《节庵先生遗诗》《节庵先生遗稿》等。

寸开泰（1863—1925），字晓亭，号心丹，斋名八十一株梅花馆。云南腾冲人。光绪二十一年（1895）进士，著名学者。注重修史和著书立说，以梅之高古明志。精经史，工骈文，擅画梅，善书法，参与编修《腾越厅志》，主编《腾越乡土志》，著有《八十一株梅花馆诗文集》等。

叶德辉（1864—1927），字奂彬，号直山、直心、郋园，室名双楳景暗、观古堂。湖南湘潭人。近代著名文字版本学家、藏书刻书家，一生专注于目录学研究。

齐白石（1864—1957），原名纯芝，号渭青、兰亭，后改名璜，号濒生，别号白石、白石老人等，画室名百梅书屋。湖南湘潭人。

齐白石百梅书屋旧址（现已破败）

著名书画家、篆刻家。据记载，齐白石祖居湖南湘潭星斗塘老屋附近有一梅公祠，光绪二十六年（1900），齐白石用为一盐商作画所得银两与友人一起将此处典租下来。齐白石38岁的冬天，迁居梅公祠新居，近处莲花砦下到处是梅花，梅公祠一带尤盛。齐白石干脆就把梅公祠改为"百梅书屋"，并又在屋前屋后亲手种植了许多梅花。

丁尚庚（1865—1935），字二仲，号潞河，室名十七树梅花山馆。江苏南通人。近代著名篆刻家。存世有《十七树梅花山馆印存》。

周庆云（1866—1933），字景星，号湘舲，别号梦坡，室名梦坡室、梅花仙馆、清远楼等。浙江湖州人。盐业富商，富收藏，善诗词书画。

罗振玉（1866—1940），字叔言、叔蕴，号雪堂，晚号贞松老人，斋堂号为贞松堂、馨室、梅花草堂等。

高翔《墨梅》

江苏淮安人，祖籍浙江上虞。语言文字学家、金石学家、文物收藏家，甲骨学的奠基者。编著有《贞松堂历代名人法书》《高昌壁画精华》等。

近现代王震（见本书第四章《别号用梅》之《以斋室加称谓名其号》），室名海云楼、芷园、梓园、梅花馆、六三园等。著有《白龙山人诗稿》等。

· 历代名人与梅 ·

近现代张一麐（见本书第四章《别号用梅》之《以斋室加称谓名其号》），室名古红梅阁。著有《心太平室诗文钞》《古红梅阁笔记》等。

王宾鲁（1867—1921），字燕卿，室名梅庵（学生练琴之室）。山东诸城人。古琴艺术家。

张恩沛（见本书第四章《别号用梅》之《直接以斋室名其号》），读书处曰梅墅。著有《案头随录》《二十四史年表》等。

张祖廉（1873—？），字彦云，号山荷，室名梅蜷竹亚之居、八识田斋等。浙江嘉善人。工诗词，著有《长水词》《文选类韵》等。

近现代梅际郇（见本书第四章《别号用梅》之《以斋室加称谓名其号》），室名念石斋、小梅庵等。

易大庵（1874—1941），原名廷熹，字季复，号大厂、魏斋、韦斋，室名人一庐、双清池馆、古溪书屋、绝影楼、梅寿盦等。广东鹤山人。艺术家、学者、诗人，擅长金石、书法，著有《双清池馆词集》《大厂词稿》《韦斋曲谱》等。

近现代赵云壑（见本书第四章《别号用梅》之《以环境加称谓名其号》），1932年，年近花甲的赵云壑归隐苏州，辟园造景，遍植琪花美树。其园内有梅树十株，所居宅院附近有井十口，于是自榜其所居为"十泉十梅之居"。

凌文渊（1876—1944），名庠，字文渊，号植之，室名百梅楼，江苏姜堰人。善书画，尤长花鸟，著有《中国经济学》《财政金融学》等。

近现代高旭（见本书第四章《别号用梅》之《景行唯贤　克念作圣——以人名名之》），室名万梅花庐、一树梅

凌文渊——"百某（梅）楼"

花一草庐、万树梅花统一庐等。光绪末年，高旭在上海张堰镇飞龙桥筑万梅花庐，房前屋后，遍植梅花。柳亚子等为题《万树梅花绕一庐》卷。章炳麟手书"凝晖堂"扁额，"万梅花庐"扁额系林虎手笔，堂上有孙中山手书条幅。高旭大量著作均在此完成。

高旭"万梅花庐"砖额

现在，万梅花庐正门是成人学校，后门仍有篆体"万梅花庐"砖额，围墙内一角尚保留两棵桂花树，古意盎然，生命葱翠。

近现代高燮（见本书第四章《别号用梅》之《以斋室加称谓名其号》），室名梅花阁、五百本梅花之室等。

近现代沈翰（见本书第四章《别号用梅》之《以斋室加称谓名其号》），室名十二梅花馆。

方槐三（1882—1945），遇匪伤臂，自号残臂，又号农冲，室名五梅旧馆。安徽歙县人。主要从事教育事业，性嗜酒，能诗，雅好写梅，著有《黄海百梅集》。

近现代刘景晨（见本书第四章《别号用梅》之《以梅加称谓名其号》），室名梅屋、十二梅花屋等。

近现代严三和（见本书第四章《别号用梅》之《以斋室加称谓名其号》），室名梅坞。

近现代王蕴章（见本书第四章《别号用梅》之《以梅加称谓名其号》），室名梅魂菊影室。

· 历代名人与梅 ·

夏丏尊（1886—1946），名铸，字勉旃，号闷庵，别号丏尊，室名小梅花屋。浙江上虞人。著名文学家、教育家、出版家。1914年，夏丏尊在杭州城内弯井巷租了几间旧房子，由于窗前有一棵梅树，遂取名为小梅花屋。他请陈师曾画《小梅花屋图》，李叔同在画上题小令《玉连环》词一阕：

　　　　屋老，一树梅花小。住个诗人，添个新诗料。　爱清闲，爱天然，城外西湖，湖上有青山。

夏丏尊也自题一阕《金缕曲》：

　　　　已倦吹箫矣。走江湖、饥来驱我，嗒伤吴市。租屋三间如铤小，安顿妻孥而已。笑落魄、萍踪如寄。竹屋纸窗清欲绝，有梅花、慰我荒凉意。自领略，枯寒味。　此生但得三弓地。筑蜗居、梅花不种，也堪贫死。湖上青山青到眼，摇荡烟光眉际。只不是、家乡山水。百事输人华发改，快商量、别作收场计。何郁郁，久居此。

一时传为佳话。

钱孙卿（1887—1975），原名基厚，以字行，晚年自号孙庵老人，室名梅花书屋。江苏无锡人。曾任江苏省议会议员、无锡县商会主席，江苏省商会联合会常务理事等。新中国成立后，历任江苏省第一届政协副主席、民建中央委员、江苏省工商联主任

钱孙卿梅花书屋旧居
（江苏无锡新街巷32号）

委员、全国工商联执委等，是第一届全国人大代表。著有《锡山学务文牍》等。1926年，钱孙卿在其祖遗产业——钱绳武堂（现为钱钟书旧居）后园西北角添建楼房三间；后来又接建楼房一间。因园内有一株梅花，故名梅花书屋。

陈志群（1889—1962），又名陈勤、陈以益等，室名松竹梅斋。江苏江阴人。从事外交工作，周游列国，见多识广，主要成就是游记。著有《爪哇鸿爪》、《日下谈日》等。

王灿（1889—1933），字承粲，号粲君，室名浮梅槛。上海人。南社后期主任姚光之妻。工诗，著有《浮梅槛草》。

朱屺瞻（1892—1996），号起哉、二瞻老民，室名梅花草堂、癖斯居等。江苏省太仓人。早年习传统国画，青年时专攻油画，曾两次东渡日本学西画，20世纪50年代后主攻中国画。曾任中国美术家协会、中国书法家协会、上海美术家协会常务理事、西泠印社

太仓朱屺瞻故居梅花草堂

顾问等职，创作了大量脍炙人口的精品。朱屺瞻以梅为友，且爱梅成痴。1932年，他在故乡购地10亩建新居，并植梅百余棵，题名梅花草堂，自号梅花草堂主人。1936年，朱屺瞻遍邀书画朋友为梅花草堂作图题诗。一时海内名家王一亭、黄宾虹、潘天寿、吴湖帆、齐白石、贺天健、丁辅之等纷纷响应。齐白石还题诗一首：

　　　　白茅盖瓦初飞雪，青铁为枝正放葩。
　　　　如此草堂如此福，卷帘无事看梅花。

太仓朱屺瞻故居梅花草堂内梅花

晚年，朱屺瞻将此汇为《梅花草堂集册》，并在集册前写道：

　　　　梅花草堂乃吾旧居太仓浏河镇。羡梅花之耐寒及清香可爱，承友谊情馈绘写斯册，图二十二纸，字二十二纸，合装成册，前后历时六十余载。此乃友朋高谊弥足珍贵，愿儿孙珍藏之。

1937年，太仓沦陷，朱屺瞻先生自浏河避居上海。1946年，朱屺瞻在上海南市区淘砂场购买了一块空地，盖屋种梅，沿用梅花草堂。1959年迁居上海巨鹿路新居，仍名梅花草堂。1991年，朱屺瞻百年诞辰时，当地政府将其故乡太仓浏河镇的梅花草堂修葺一新。

"梅花草堂"匾额（上海朱屺瞻展览馆）

周瘦鹃（1895—1968），原名周国贤，号瘦鹃、泣红、兰庵、怀兰、五九生，室名紫兰台、紫兰小筑、梅丘、爱梅庐、梅屋、寒香阁等。江苏苏州人。现代作家，文学翻译家。周瘦鹃特别喜爱紫罗兰，将

周瘦鹃故居西门——紫兰小筑

室名取为紫兰台、紫兰小筑等。他对梅花也有着特殊的爱好,所以家里还有寒香阁、梅丘、梅屋等。寒香阁中,陈列着瓷、铜、木、石、陶等梅花古玩,四壁张挂着梅花书画。梅丘梅屋的门窗上有梅花图案,并摆放着扬无咎和王冕的画梅木雕,室内的矮几上陈列着梅花盆景,俨然一个梅花的世界。

周瘦鹃故居南门——常春

查阜西(1895—1978),别名镇湖,又名夷平,室名古梅书屋。江西修水人。古琴演奏家、音乐理论家和音乐教育家。主编《琴曲集成》等巨著。20世纪40年代,查阜西在昆明棕皮营村居住时,因居所有古梅二株，根木大可合抱，故将自己的书房取名为古梅书屋，查阜西常在此弹琴聚友。古梅书屋于20世纪90年代前后村里建居民楼时拆掉了。现在，只有查阜西旧居前的那口古井还在。

陆丹林（1896—1972），字自在，号非素、枫园等，室名自在长老读书堂、霜枫瘦梅居、掩月轩等。广东佛山人。性喜书画，擅长美术评论，著述颇丰，著有《艺术论文集》《美术史话》等。

顾青瑶（1896—1978），名申，字青瑶，别署灵妹。现代书画家、篆刻家。斋室名绿梅书屋、归砚室、金鸳鸯印室等。江苏苏州人。著有《论画随笔》《绿梅书屋印存》等。

孙星阁（1897—1996），学名维垣，字先坚，号十万山人，室名揭岭梅斋。广东揭阳人。工诗书，善画，绘画以兰、竹、梅见长。他喜兰之孤高幽独、竹之虚心劲铮，梅之霜姿傲骨。在故乡揭阳的祖居有一株古梅，那是孙星阁的父亲亲手栽种的。父亲爱梅，种梅，连名字都叫树梅。孙星阁同样爱梅，一生创作了300多首咏梅诗和许多梅花作品。著有《十万山人书画集》《十万山人梅花诗三百草帖》等。

黄慎《捧梅图》

· 历代名人与梅 ·

吴仲坰（1897—1971），别署仲珺、仲军，字载和，亦曰在和，室名餐霞阁、师李斋、山楼、梅香室等，江苏扬州人。精究汉印，能书善画，尤擅鉴赏。

钱瘦铁（1897—1967），名崖，字叔崖，号瘦铁，室名梅花书屋、峰青馆、磅礴轩、契石堂、一席吾庐等。江苏无锡人。工书画，精篆刻，曾被誉为"江南三铁"（吴昌硕称"苔铁"、王冠山称"冰铁"）之一。著有《钱瘦铁经典作品集》《钱瘦铁画集》《瘦铁印存》等。

朱复戡——
"某（梅）墟草堂"

朱复戡（1900—1989），原名义方，字百行，号静龛，中年更名起，号复戡，室名梅墟草堂。浙江宁波人。博览群籍，学识渊博，金石书画、诗词古文、青铜古玉无所不通。著有《朱复戡墨迹遗存》《复戡印集》《朱复戡金石书画选》等。朱复戡非常喜欢梅花，1984年元宵节后，84岁高龄的他还在家人的陪同下去苏州邓尉香雪海赏梅。梅墟草堂是朱复戡早年的书斋，他自己曾篆刻一方"梅墟草堂"印章。

石评梅（见本书第四章《别号用梅》之《以爱梅方式名其号》），1923年受聘于北师大附中后，搬到了地处厂甸的师大附中教员宿舍。这个"宿舍"实际上是一处荒废了的古庙。石评梅搬来居住后，对其进行了一番精心设计：换上素雅的窗帘，摆放盆栽菊花和梅桩，窗上贴有淡红色的梅花诗笺等，并给它取了一个富有诗意的名字——"梅窠"。石评梅在短暂的生命中创作了大量诗歌、散文、游记、小说。她病逝后，友人们根据其生前曾表示与高君宇"生前未能相依共处，愿死后得并葬荒丘"，将其尸骨葬在北京陶然亭公园高君宇墓畔。

· 第五章　斋居署梅 ·

石评梅题高君宇墓碑（北京陶然亭公园内）

韩登安（1905—1976），原名竞，字仲铮，别署耿斋、印农、本翁等，室名容膝楼、玉梅花庵。祖籍浙江萧山，从父久居杭州。著名书法家、篆刻家。一生刻印约4万方。著作有《登安印存》《岁华集印谱》《西泠印社胜迹留痕》等。

王板哉（1906—1994），原名兆均，号半呆、半憨，后以半呆谐音取今名，室名梅花岭下人家。山东日照人。书画家，著有《王板哉画辑》。扬州梅岭下有史可法祠堂，而王板哉的寓所距此祠堂仅咫尺之遥，故称自己居处为"梅花岭下人家"。

韩登安——"玉梅花庵"

李浴星（1909—1976），原名李连魁，字捷三、浴星，号大痴、大池等，室名伴梅阁、梅花书屋。河北唐山人。精古琴，工书画、篆刻，善诗词、鉴赏等。

• 历代名人与梅 •

于希宁（1913—2007），原名桂义，字希宁，及长以字行，别署平寿外史、鲁根、管龛、梅痴，斋号劲松寒梅之居。山东潍坊人。当代具有诗、书、画、印和美术史论全面艺术修养的学者型艺术家。著有《论画梅》等。于希宁爱梅成痴，故将自己的居室命名为劲松寒梅之居。著名画家刘海粟曾为于希宁题写"劲松寒梅之居"斋额，因此幅作品为竖幅且较长，故后来于希宁主要张挂自己书写的"才德勤修养，三魂共一心"。

于希宁书房部分用品（现存山东艺术学院内）

陈子庄（1913—1976），名福贵，又名思进，别号兰园、南原下里巴人、十二树梅花书屋主人，晚年在画上直书石壶，室名十二树梅花书屋等。重庆人。著名国画大师。陈子庄名其居曰十二树梅花书屋，是因他在故乡曾建有兰园别墅。在兰园内，有陈子庄亲手栽植的12棵梅花。其早期画号兰园，中期画号十二树梅花主人、十二树梅花书屋主人等，都与此有关。著有《陈子庄作品选》《陈子庄速写稿》《石壶画集》等。

谢翰华（1913—1991），笔名梅奴，室名梅庐、兴兰堂、三不堂。湖南长沙人。书法篆刻家。谢翰华以梅花为知己，曾刻有"一生低首侍梅花""愿与梅花作奴仆，且将铁笔遣生涯"以及"毛泽东卜算子·咏梅"多字印等。

沙曼翁（1916—2011），原名古痕，室名三友草堂。江苏苏州人。书法篆刻家、金石学家。

陈俊愉（1917—2012），室名梅菊斋，园林花卉专家。安徽安庆人，出生于天津。书房兼客厅为梅菊斋。笔者曾拜访过陈俊愉，当被问及为什么用"梅菊斋"作为自己的书

沙曼翁——"三友草堂"

陈俊愉——"梅菊斋"之一

陈俊愉"梅菊斋"匾额

陈俊愉——"梅菊斋"之二

房名时，老人家爽快地说："这很简单。因为我兴趣广泛。我很喜欢的花卉有十几种，如梅花、菊花、荷花、兰花、桂花、杜鹃、山

茶、月季、芍药、水仙、丁香、棕榈、石蒜、睡莲等等。但排排队呢，最喜欢的第一是梅花，第二是菊花，所以就叫'梅菊斋'了。"

陈俊愉先生在梅菊斋工作

陈俊愉先生（右）与本书作者在梅菊斋亲切交谈

杨白匋（1921—1995），名元波，初字楚玉，别署红梅馆主，室名红梅馆。湖北仙桃人。当代著名篆刻家，著有《杨白匋印苑》等。

近现代尤半狂，室名梅花清梦庐、青毡轩。江苏苏州人。作家，著有《荒乎其唐》等。

近现代王传镒，字璞山，自号红梅居士。江苏无锡人。善书画，工花卉，尤善梅竹。筑室于惠山之麓，名红梅馆。

近现代叶秉机，字史材，室名万树梅花山馆。广东惠州人，世居郡城方山南麓。能诗酒，好洞箫，中年后，在其屋后方山山端购地亩余，植梅多株，营成是园，广邀文人雅士聚集品茗，唱酬其中，啸歌相乐，成为一时文人佳话。

沈铨《梅花绶带图》

近现代宋彦成，字顺之，号癯庵，室名梅花铁石山房。广东广州人。工山水花卉。

近现代金正炜，字仲翚，室名十梅馆。贵州贵阳人。工诗文，善书，著有《战国策补释》等。

近现代徐贯恂，字均，号淡庐，室名丽竟寨、梅花山馆等。江苏南通人。富收藏，尤擅藏佛像、铜镜、泉币、书画。工诗、书、画。

梅花山馆位于南通城西,有房屋、假山、老梅树,是一座南方古典式园林建筑。徐贯恂在梅花山馆中读书、绘画、赋诗、会友。为了歌咏梅花,他用18年的时间集成《梅花山馆读书图咏》巨卷。

近现代曾福谦,原名宗亮,号郄叟,室名梅月盦。福建福州人。光绪九年(1883)进士,工诗词。

三、从善若流　友言可鉴——根据他人题赠

朱升(1299—1370),字允升,号枫林,室名梅花初月楼。安徽休宁人,后徙居歙县。元末明初著名学者、政治家。1357年,朱元璋攻克徽州后,亲自登门拜访朱升,向他询问对时局的看法,朱升提出了影响深远的九字方针"高筑墙,广积粮,缓称王"。朱元璋非常喜悦,临行前,问其所愿,朱升说:"请留宸翰(帝王的墨迹),以光后

朱升故居

圃书楼。"(黄瑜《双槐岁钞》卷一)朱元璋亲笔题"梅花初月"匾额赐之。这对朱升来说是极大的荣誉,他遂将此楼名为梅花初月楼。著有《朱枫林集》。

阮安(1802—1821),字孔静,书斋百梅吟馆。江苏扬州人。阮元次女。阮安自幼聪颖,十多岁时,按照父亲的要求,写过百首咏梅诗歌,题为《广梅花百咏》。阮元非常喜欢,并专门为这本诗集题跋,并将阮安的书房称之为百梅吟馆。

黄秋耘（1918—2001），原名超显，曾用名秋云，室名梅庐。原籍广东佛山，生于香港。著名作家。黄秋耘书斋原未取名，20世纪70年代，《明报月刊》总编辑兼总经理、香港作家彦火（原名潘耀明）先生造访黄秋耘，后来彦火在访问记中把黄秋耘的书斋称为"梅庐"，以"梅"赞其品格之高洁。黄秋耘默认此斋号并沿用至终。黄秋耘一生著述颇丰，著有散文集《浮沉》《丁香花下》，回忆录《风雨年华》等。

四、睹物思人　以志其念——根据喜欢之人

宋代吴感，字应之，室名红梅阁。江苏苏州人。天圣二年（1024）进士，官至殿中丞。工诗，以文知名。吴感有一位十分宠爱的侍妓，名叫红梅，能歌善舞，也非常爱梅，且常伴其左右，故吴感将宅院的书房命名为红梅阁。该宅院在旧时苏州小市桥（后称吴殿直巷）附近。红梅阁后毁于建炎战火（金兀术侵犯中原）。

清代彭玉麟（见本书第四章《别号用梅》之《景行唯贤　克念作圣——以人名名之》），早岁恋人梅仙病逝后，万分悲痛，为了纪念梅仙，便毕生画梅、咏梅，

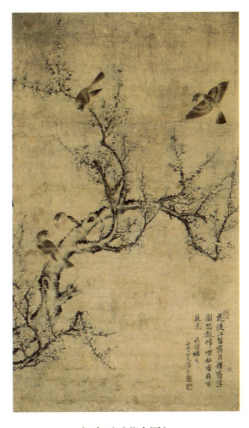

恽寿平《花鸟图》

曾有"狂写梅花十万枝"名句。他画的梅花都盖有印章，其内容多是"英雄肝胆，儿女心肠""一生知己是梅花""古今第一伤心人"等，以寄托自己的哀思。其室名梅雪山房，是取"梅仙""雪琴"（彭玉麟字）中"梅""雪"二字为之，同样也是表达自己的思念之情。

近现代李瑞清（见本书第四章《别号用梅》之《景行唯贤　克念作圣——以人名名之》），年轻时，人品学问俱佳，27岁中进士后，被授予翰林院庶吉士，三年后改任江宁提学使，兼两江师范学堂（南京师范大学前身）监督。由于三位夫人先后不幸过世，故李瑞清自题书斋名为玉梅花庵（从夫人名字中各取一字），以纪念早逝的几位夫人。

近现代庄曜孚（见本书第四章《别号用梅》之《以斋室加称谓名其号》），曾师从常州女画家袁毓卿习画，颇得大画家恽南田画派真传，以没骨花卉名于世。因生有二男六女，爱梅爱女，视女如梅，故名其画室为六梅室。

陈师曾——"鞠楳（梅）双景盦"

陈师曾（1876—1923），名衡恪，字师曾，号朽道人、槐堂等，室名槐堂、染仓室、在山亭、鞠梅双景盦等。江西修水人。工画，精篆刻，善诗文。著有《中国绘画史》《染仓室印存》等。陈师曾一生娶妻两次。1894年陈师曾与南通范伯子之女孝嫦结婚，其名"菊英"，于1900年去世。1906年，陈师曾在汉阳与春绮结婚，其名"梅未"，于1913年又病逝。陈师曾悲痛之余，从二亡妻名中各取一字，名其居为鞠（"鞠"通"菊"）梅双景盦，以示追念缅怀之情，并自镌"鞠梅双景盦"室名印。

严太平，1945年出生，湖北孝感人。中国书法家协会会员，公安部机关书画协会副会长兼秘书长。编著《严太平书法作品集》《赞梅作品集》等。因喜欢梅花傲霜斗雪的气概，夫人的名字又叫王梅花，故名其居曰伴梅居。

傲骨不染尘（严太平为本书作者题）

五、魂牵情深　心驰神往——根据爱梅情结

有些文人雅士视梅为知己，吟之、咏之、写之、画之，其室名斋号体现了主人的殷殷爱梅之情。

元代王昶曾隐居杭州皋亭山，孤高正直，不失节操，嗜爱梅花，以梅为友，住所四周栽植梅树，居室名为友梅轩。明政治家、诗文家刘基曾撰《友梅轩记》记之。

元代傅著，字则明，室名味梅斋。江苏苏州人。工文史，著有《味梅斋稿》。

吕熊（约1640—约1722），字文兆，号逸田叟，所居梅隐庵。江苏昆山人。小说家、学者，著有《诗经六义辨》等。

明代胡维霖，字梦说，室名啸梅轩。浙江新昌人。工诗文。

明代柴惟道，字尤中，号白岩山人，室名玩梅亭。浙江杭州人。工诗，著有《玩梅亭诗集》。

历代名人与梅

陈继儒《梅枝竹叶》

明代顾谦，字仲谦，室名爱梅轩。江苏仪征人。建文二年（1400）进士，为官期间政绩卓著。工文史，著有《鲁斋稿》《爱梅轩集》等。

明代萧鹤龄，字彭年，室名餐梅阁。江西会昌人。

佟世思（1649—1691），字俨若、葭沚，号退之、退庵，室名与梅堂。辽宁辽阳人。工诗文，著有《与梅堂遗集》《与梅堂词》等。

顾枫（1726—？），字嵩乔，号鉴沙，室名伴梅草堂。浙江慈溪人。工诗，喜藏书，著有《伴梅草堂诗存》等。

潘奕隽（1740—1830），字守愚，号榕皋，又号水云漫士、三松居士，室名三松堂、探梅阁、水云阁等。江苏苏州人，祖籍安徽歙县。乾隆三十四年（1769）进士，官至户部主事。工书法，善山水，写意花卉梅兰尤得天趣。著有《三松堂集》。

谢兰生（1760—1831），字佩士，号澧浦、里甫等，室名咏梅轩。广东南海人，寓居广州。嘉庆七年（1802）进士，工诗善画，著有《常惺惺斋文集》《常惺惺斋诗集》。

王麟生（1771—1799），字孔翔，号香圃，室名补梅书屋。江西婺源人。工诗，著有《补梅书屋诗草》。

汤贻汾（1778—1853），字若仪，号雨生、琴隐道人等。江苏常州人。精山水、花卉，亦善梅竹、松柏。后寓居南京，住所为琴隐园,园中有梅树丛、幽篁修竹等诸胜。画室为画梅楼。

林则徐(1785—1850),字元抚,又字少穆、石麟,晚号俟村老人、俟村退叟、七十二峰退叟、瓶泉居士、栎社散人等,室名补梅书屋。福建福州人。清朝后期政治家、思想家、诗人。官至一品,曾任湖广总督、陕甘总督和云贵总督,两次受命钦差大臣。因其主张严禁鸦片、抵抗西方侵略、坚决维护清朝主权和民族利益而深受敬仰。嘉庆九年(1804),林则徐离家前往京师参加会试,结果落榜。但林则徐并没有因此而灰心丧气,回乡后,在福州北库巷开班授徒,等待下一次会试。他把自己教书的小屋取名为补梅书屋。

林则徐书法

王汝玉(1798—1852),字润甫,号韫斋,室名闻妙轩、伴梅花馆等。江苏苏州人。工诗,问梅诗社成员,著有《闻妙轩诗存》。

段光清(1798—1878),字俊明,号镜湖,室名吟梅堂。安徽宿松人。官员,有政声,工文史,著有《吟梅草堂笔记》等。

宝鋆(1807—1891),字佩蘅,室名吟梅阁。世居吉林。道光十八年(1838)进士。宝鋆出身寒微,知民间疾苦,通显后犹能持正不阿。著有《吟梅阁试帖诗存》等。

曹耆瑞(1834—1904),行名中立,号庸斋,室名师竹友梅馆。安徽绩溪人。徽商,靠经营文具、装裱字画起家,功成业就后,在

历代名人与梅

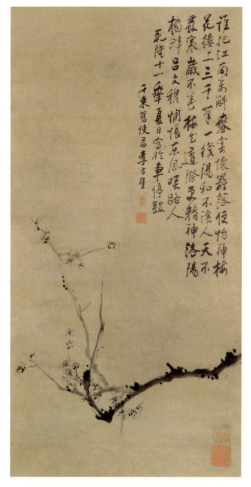

李方膺《梅花》

武汉定居,店号为师竹友梅馆(兼作家宅)。

清代方韵仙,室名吟梅仙馆。江苏昆山人。工诗。

清代王元礼,字礼持,室名梅笑轩。浙江杭州人。工诗,著有《梅笑轩诗集》。

清代包芬,字采南,号梅垞,室名梅花吟屋。浙江杭州人。名士,工诗文。

清代包采芝,字季兰,室名韵梅阁。江苏镇江人。工诗,著有《韵梅阁诗集》。

清代刘锡,字梦龄,号韵湖,室名写梅阁。天津人。工行、草书,擅画梅。

清代朱静霄,室名爱梅阁。湖北通山人。清光绪年间才女。幼读诗书,青年丧夫,居家为夫守节,常在爱梅阁周围徘徊,以研读古籍和吟诗作赋来排解内心的痛苦。著有《爱梅阁诗集》。爱梅阁后来毁于战乱。

清代何国柱,室名吟梅仙馆。浙江嘉兴人。

清代何泰亨,字葆初,室名铁栏室、咏梅轩。湖南平江人。工诗,著有《咏梅轩诗集》。

清代何探源,字衍明,号秋槎,室名咏梅山馆。广东大埔人。咸丰九年(1859)进士,工诗,著有《咏梅山馆诗集》等。

第五章 斋居署梅

清代何钰麟，字梅阁，室名吟梅阁。湖南长沙人。工诗，著有《吟梅阁集唐诗钞》《吟梅阁文集》等。

清代宋廷梁，字子材，号梓材，室名赋梅书屋。云南晋宁人。光绪三年（1877）进士，工诗，著有《赋梅书屋诗集》。

清代张葆恩，室名古梅花吟舫。浙江海宁人。

清代张蕊贞，室名吟梅阁。浙江嘉兴人。

清代杨兆麟，字瑞如，号友梅，室名友梅书屋。江苏苏州人。

清代杨绍修，字损斋，室名伴梅斋。浙江宁波人。

清代杨缙，字甄品，号衡堂，室名友梅居。广东大埔人。

清代杨藻，室名梦梅仙馆。江苏无锡人。

清代方照，字之虞，号梅岩，室名梅花吟馆。浙江杭州人。

清代陈昌汝，室名吟梅花馆。安徽庐江人。

清代陈鸿诰（见本书第四章《别号用梅》之《以爱梅方式名其号》），室名味梅花馆。浙江嘉兴人。

清代林玉，字肖湖，室名友梅仙馆。浙江宁波人。

清代林庆炳，室名爱梅楼。福建福州人。

清代施养浩，字静波，号茗柯，室名咏梅阁。浙江杭州人。工书，善山水。

清代夏学礼，字立卿，号鹅溪，室名吟梅花馆。江苏苏州人。

清代涂瀛，字铁绠，号读花人、读花道

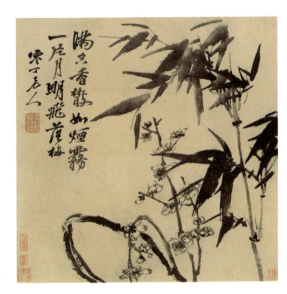

石涛《月下梅竹》

人，室名吟梅阁。广西桂林人。工诗文，著有《红楼梦论赞》。

清代袁绩懋，字厚庵，室名味梅斋。北京人，祖籍江苏常州。道光二十七年（1847）进士，工诗文，著有《诸经质疑》《味梅斋诗草》等。

清代盛万纪，字无纪，室名友梅轩。上海人。甲申之变后，弃儒服，躬耕东郊。建茅屋三间，屋前植梅，署曰友梅。工文史。

清代阎符清，字铜史，号竹卿，室名伴梅轩。河北沧州人。工诗，著有《伴梅轩诗草》。

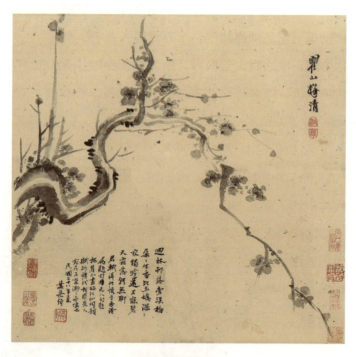

梅清《梅花图》

清代蒋汝闲，字毅甫，室名吟梅仙馆。江苏无锡人。工诗。

清代鲁鹏，字幼峰，室名吟梅仙馆。安徽休宁人。

丁立本（1863—1905），字道甫，室名友梅轩、长留爱日楼等。浙江杭州人。

第五章　斋居署梅

近现代王树中（见本书第四章《别号用梅》之《以爱梅方式加称谓名其号》），室名梦梅轩。

廖世功（1877—1955），字叙畴，室名慕梅室。上海人。曾任巴黎总领事。

于右任（1879—1964），陕西三原人。政治家、教育家、书法家。因爱梅兰，便将自己在台湾的别墅命名为梅庭，大门入口柱上"梅庭"二字为其所题写。

傅熊湘（1882—1930），字文渠，号钝安，室名梅笑轩。湖南醴陵人。工诗、义、词，尤以诗成就最高。

近现代李国模（见本书第四章《别号用梅》之《以爱梅方式名其号》），室名吟梅仙馆。

近现代梅天傲（见本书第四章《别号用梅》之《以斋室加称谓名其号》），室名伴梅馆。

陶冷月（1895—1985），原名善镛，字咏韶，号五柳后人等，别名柯梦道人，室名北河楼、双梅花馆。江苏苏州人。工画，擅长山水、花卉、走兽、游鱼，尤擅画月夜景色。中国有五大古梅，即楚梅、晋梅、隋梅、唐梅、宋梅。其中，唐梅、宋梅在杭州超山。因为爱梅，陶冷月于1932年曾绘唐梅《暗香疏影》，1933年又绘宋梅《疏影暗香》，后因此名其斋"双梅花馆"。

林庚白（1897—1941），原名学衡，字浚南、众难，号愚公，笔名庚白、孑楼主人等，室名丽白楼、双梧书屋、梅花同心馆等。福建福州人。工诗词，著有《梅花同心馆词话》等。

胡叔异（1899—1972），名昌才，字叔异。江苏昆山人。胡石予次子。终身从事儿童教育研究，尤长于小学教育研究。抗战时期，供职重庆，事务清闲，绝少酬酢，乃发愿画梅，以纪念亡父（胡石予，能诗善文，工丹青，尤擅画梅），规定日画一幅，因名其居为一日一树梅花斋，虽盛暑祁寒而不辍。

近现代黄宁民（见本书第四章《别号用梅》之《以斋室加称谓名其号》），室名吟梅室。

姚竹心（1901—？），字盟梅。上海人。南社后期主任姚光三妹。工诗，著有《盟梅馆诗稿》。书房名为盟梅馆，有将凌寒生香的梅花与己之爱好的诗书结为盟友之意。

姚竹心盟梅馆内部

姚平——"寒梅阁"

近现代卓安之（见本书第四章《别号用梅》之《以"梅"名其号》），室名笑梅轩。

近现代姚平（见本书第四章《别号用梅》之《直接以环境名其号》），室名寒梅阁，其曰："寒梅阁者，余之书斋也。

余以寒梅不畏强暴、不惧严寒而钦之，故以名斋。"（姚平《寒梅阁赋》）

姚平寒梅阁中堂楹联

近现代朱文涛，字雪先、冲和，号铁仙，室名嚼梅龛。浙江绍兴人。善篆刻。

近现代陈汝谐，字襄哉，号伯山，室名梦梅花馆。浙江象山人。工诗。

近现代管快翁，名槐，字少泉，晚号快翁。江苏太仓人。擅画梅。曾在太仓南门外雪葭泾筑补梅草堂。著有《补梅草堂诗稿》（未刊）。

六、缘梦寄意　巧成佳境——根据梅花梦境

禹尚基《冬日嬉戏图》

王式丹（1645—1718），字方若，号楼村，室名十三本梅花书屋。江苏宝应人。康熙四十二年（1703）状元，人称"花甲状元"，授修撰。雄于文，长于诗，著有《楼村集》。王式丹为官清正廉洁，不喜逢迎，康熙五十二年（1713）的某天，王式丹在梦中见到一个梅花满庭、幽若仙境的地方，一位老者用杖指着梅树说："这十三株梅花送给你。"醒来后，他立即请当时扬州著名画家禹尚基依照梦境绘制了《十三本梅花书屋图》，并将居室命名为十三本梅花书屋。

清代魏燮均（见本书第四章《别号用梅》之《精诚之至　梦想成真——以梦境名之》），室名梦梅轩、香雪斋等，也与梦境有关。魏燮均喜读书，生性恬淡，不慕荣利，年轻时就爱梅。道光十年（1830），魏燮均梦见友人邀己探梅，他们走入几间茅屋中，见九株梅花绕屋，门楣上有一额，曰"香雪斋"，落款"九梅主人题"。室内窗明几净，幽雅别致。此后，魏燮均便以梦梅轩、香雪斋作为自己的斋号。

黄光（1872—1945），谱名益谦，字梅僧，一字梅生，以字行，室名玉梅花馆。浙江平阳人。黄光自小天资聪颖，好学不倦，兴趣广泛，多才多艺，对经史、诗词、图画、书法、篆刻均有所钻研，著有《樱岛闲吟》《飞情阁诗钞》等诗文集。据说，黄光出生之夜，其父梦见一位和尚，自称花光僧，携梅花画册来访。宾主叙谈间，忽闻后房传来婴儿啼哭声，黄光父亲从梦中惊醒，正巧下人来报黄光已出生。黄光父亲非常惊讶，疑此婴儿为花光僧转世，故取名黄光，字梅僧、梅生，室名玉梅花馆。

陈嘉言《水仙梅雀图》

七、卓尔不群　超然凡尘——根据高洁梅格

梅花以清新淡雅的花香以及孤疏瘦古的形态而历来为文人士大夫所喜爱，他们所使用的斋号室名有许多都用赞美梅花特质的词语。

王骥德（1540—1623），字伯良，号方诸生、玉阳生等，室名香雪居。浙江绍兴人。戏曲理论家，著有传奇《题红记》以及戏曲理论著作《曲律》等。

明代许如兰，字湘畹，室名香雪庵、香雪斋。安徽合肥人。工诗。

明代李嗣京，字嘉锡、少文，室名冷吟斋。江苏兴化人。

明代杨若桥，室名冷香斋。北京人。著有《香雪斋集》。

明代胡时忠，字伯昭，号慎三，室名冷香斋、怀古楼等。江苏无锡人。工文史。

许琛（1731—？），字德瑗，福建福州人。工书善画，书法酷似董其昌，一代才女。婚后在居所周围遍植梅、竹，自匾其楼曰"疏影"。著有《疏影楼稿》。

谢金銮（1757—1814），字巨廷，又字退谷，室名梅花小隐山斋。福建闽侯人。工文史，著有《大学古本论》等。

赵辉璧（1787—？），字子谷，室名古香书屋、香雪斋等。云南洱源人。道光六年（1826）进士，工诗文，著有《古香书屋诗钞》等。

贺熙龄（1788—1846），字光甫，号庶龙，室名菜根香居、寒香馆、寒香斋等。湖南长沙人。嘉庆十九年（1814）进士，工诗文，著有《寒香馆诗文钞》。

计光炘（1803—1860），字曦伯，号二田，室名二田斋、冷香阁等。浙江嘉兴人。喜藏书，精医理，著作有《百咏吟史论》等。

李鱓《梅兰竹石》

钱聚朝（1806—1860），字晓庭，室名梅隐庵。浙江嘉兴人。善花卉，尤长于画梅。

何昌梓（1827—1880），室名香雪轩。上海人。工诗、精医，著有《香雪轩医案》等。

平步青（1832—1896），字景孙，别号栋山樵、霞偶，室名香雪崦、辛夷垞等。浙江绍兴人。工文史，著有《香雪崦丛书》等。

志润（1837—1894），字雨苍，号伯时，室名暗香疏影斋。北京人。工诗，著有《寄影轩诗钞》《暗香疏影斋词钞》等。

陈作霖（1837—1920），字雨生，号伯雨，室名养和轩等。江苏南京人。文学家、经学家、史志学家，著有《金陵通传》等。

清代王日乾，字羲画，室名暗香斋。河北盐山人。工诗，著有《暗香斋诗草》。

清代王贻燕（见本书第四章《别号用梅》之《以梅代词名其号》），室名香雪山房。

清代叶以照，字青焕，室名梅隐草堂。浙江杭州人。工六法，性好游。

清代吕熊，字文兆，号逸田，室名梅隐庵。江苏苏州人。工文史，著有《女仙外史》。

清代朱亢宗，字紫笙，室名香雪山房。浙江仙居人。工书画，能诗，著有《香雪山房诗集》。

清代许德瑗，字素心，号竹轩，室名疏影楼。福建晋江人。能诗，工梅兰竹菊。

吴昌硕《梅石图》

清代吴文炳,字虎臣,号柳门。安徽泾县人。工诗,善刻书。喜藏书,藏书楼名香雪山庄。

清代李希邺,字仙根,室名梅花小隐庐。江苏南京人。工诗,著有《梅花小隐庐诗集》。

清代沈嘉森,室名香雪山房。上海人。精小篆,工诗文。

清代陆长春,字向荣,号瓣香,室名香饮楼、梅隐庵等。浙江湖州人。工诗词,著有《梅隐庵诗钞》等。

清代陈一策,字尔忱,号翠屏山人,室名香雪斋。福建晋江人。工诗,著有《香雪斋集》。

清代郑由熙,字晓涵,号啸岚,又号坚庵,室名暗香楼。安徽歙县人。精曲学,工梅兰,著有《暗香楼乐府》等。

汪士慎《墨梅》

清代荣涟,字洞泉,亦字三华,别署听松山人,室名香雪社。江苏无锡人。道士。善书画,工行草,尤工山水。后筑室锡山之巅,植梅花,名所居曰香雪社。著有《洞泉诗钞》。

清代瞿应绍,字子冶,号月壶、壶公,室名香雪山仓、二十六花品庐等。上海人。工竹,能篆刻。

近现代金心兰（见本书第四章《别号用梅》之《以梅代词名其号》），室名冷香馆。

沈廉（1842—1916），字约园，室名冷香馆。浙江慈溪人。工诗、古文。

张莹（1863—1894），字子琳，号鹤君，室名松筠庵、香雪馆。云南会泽人。工诗、书、画，著有《香雪馆遗诗》。

陈栩（1878—1940），字昆叔，号栩园，室名天风楼、香雪楼等。浙江杭州人。作家，著有《雨花草堂词选》《香雪楼词》等。

余空我（1898—1977），字哲文，室名冷香簃。安徽歙县人。擅长古体诗词，好京剧。

刘光炎（1903—1983），室名梅隐庵。浙江绍兴人。新闻时评家、政论家。

刘惠民（见本书第四章《别号用梅》之《以斋室加称谓名其号》），室名香雪轩。

管锄非（1911—1995），原名管向善，字枕巍，号梦虞，室名寒花馆。湖南祁东人。书画家、诗人，著有《梅论》《画论》等。

八、转益多师　承人启己——化用诗词佳句

文人墨客的有些室名斋号化用前人或自己的诗词佳句。

程梦星（1678—1755），字午桥、伍乔，号汫江、香溪，室名今有堂、来雨阁、修到亭等。安徽歙县人。康熙五十一年（1712）进士，工诗，曾为翰林院编修。1716年，程梦星从京城到扬州，动用经营盐业积累的资金构筑私家园林——筱园。筱园里有梅树八九亩，其间有亭，曰修到亭，取谢枋得"几生修得到梅花"之意。梅花盛开之时，程梦星便邀请学者名流赏梅、咏梅，进行雅聚活动。

蒋启敩（1795—1856），字明叔，号玉峰，室名问梅轩。广西

全州人。道光二年（1822）进士，工诗文，著有《问梅轩诗草》。唐代王维有诗云："君自故乡来，应知故乡事。来日绮窗前，寒梅著花未？"爱梅之情，溢于言表。蒋启敫以问梅轩名其居，同样也体现了自己的恋梅情结。

王武、金俊明《梅花双禽图》

管庭芬（1797—1880），字培兰，号芷湘，晚号笠翁，亦号淳溪老渔等，室名主要有一枝轩、花近楼、听雨小楼、锄月种梅室等。浙江海盐人。工诗文，擅画山水，尤擅画兰竹，精鉴赏。著有《芷湘吟稿》等。宋代刘翰《种梅》诗中有"惆怅后庭风味薄，自锄明月种梅花"句，管庭芬把植梅看做是陶情励操之举和归田守志之行，故名其居曰锄月种梅室。

罗天池（1805—1866），初名汝梅，字华绍，号六湖，室名铁梅轩、修梅仙馆等。广东江门人。道光六年（1826）进士。一生酷爱梅花，工书画，精鉴赏，尤喜画梅，并热衷于收藏有关梅花的作品。

顾文彬（1811—1889），字蔚如，号子山，晚号艮盦等。江苏苏州人。道光二十一年（1841）进士，官至浙江宁绍道台。自幼喜爱书画，娴于诗词，尤以词名。后厌倦官场，称疾辞官归里后，在苏州建一别墅——怡园。怡园的主要建筑有玉延亭、四时潇洒亭、坡仙琴馆、岁寒草庐、南雪亭、锄月轩（梅花厅事）等。其中，锄月轩为鸳鸯厅，是主体建筑之一，锄月轩北称藕香榭，又名荷花厅，夏天可自平台赏荷观鱼。锄月轩又名梅花厅事，冬天可在此望雪寻梅。锄月轩亦取宋代刘翰"惆怅后庭风味薄，自锄明月种梅花"诗意，寓归隐田园之意。

梅花厅事（锄月轩）

蒋琦龄（1816—1875），字申甫，号月石，室名问梅轩、空青水碧斋。广西全州人。道光二十年（1840）进士，工诗文，著有《空青水碧斋诗集》等。

郭桐《灵芝梅石图》

清代王文枢，室名官梅堂，江苏扬州人。唐代杜甫有"东阁官梅动诗兴，还如何逊在扬州"句，以官梅堂名其居，体现了王文枢对何逊、裴迪等人的仰慕之情和对梅花的喜爱之心。

清代王倩（见本书第四章《别号用梅》之《以梅加称谓名其号》），室名寄梅馆。宋代陆凯有诗云："折梅逢驿使，寄与陇头人。江南无所有，聊赠一枝春。"因为爱梅，诗人远寄一枝梅花表示对挚友的思念和问候。所寄托的真情令人回味无穷。

清代王德模，室名种梅山房。安徽芜湖人。

清代何适，室名官梅阁。福建惠安人。工词。

清代张杏林，室名一枝春馆。江苏高邮人。

清代李大复，字见心，室名数点梅花草堂。上海人。工诗，著有《数点梅花草堂诗稿》。宋代翁森有《四时读书乐》诗，他把一年四季都视为读书的好时光，勉励人们勤奋读书。其中，《冬》篇有"读书之乐何处寻？数点梅花天地心"句。红梅点点，雪花片片，炉火正旺，好书相伴，其乐融融。

清代李可栻，字干臣，号来西，室名问梅阁。云南澄江人。工诗，著有《问梅轩集》。

清代李果珍，室名官梅阁。陕西洛南人。工诗，著有《官梅阁集》。

清代陆鼎（见本书第四章《别号用梅》之《藻耀高翔　风清骨峻——以佳句名之》），室名梅叶阁、梅叶山房。

清代陆韵珊，字浣香，室名梅修馆。浙江绍兴人。工书。

清代周启仕，字舸瀛，室名数点梅花馆。浙江奉化人。

清代金尔果，字月锄，室名种梅花馆。江苏常熟人。

清代柳清纶，室名修梅馆。江苏苏州人。

清代胡宗阅，室名传经堂、种梅斋。江西峡江人。

清代赵廷枢，字仲垣，号所园，室名问梅堂。云南大理人。工诗。

清代曹毓英，字紫荃，室名锄梅馆。江苏江阴人。工词，著有《锄梅馆词》。

清代傅元杓，字星曜，号斗峰，室名问梅堂。浙江宁波人。工诗，著作有《问梅堂诗稿》等。

清代傅嘉让，字公孝，号补庵，室名问梅堂。浙江宁波人。工诗。

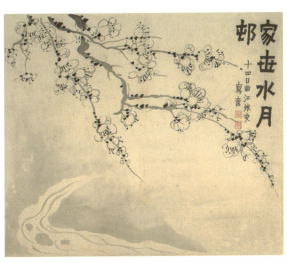

金农《家在水月村》

· 历代名人与梅 ·

清代程增，字立三，室名种梅轩。上海人。

清代鲍逸（见本书第四章《别号用梅》之《以爱梅方式名其号》），室名问梅庵。

况周颐——"第一生修梅花馆"

清代鲍淦生，号问梅，室名问梅花盦。浙江杭州人。工诗。

清代戴文灿，字云轩，号二知老人，室名锄月种梅花馆、种梅书屋等。江苏南京人。

近现代况周颐（见本书第四章《别号用梅》之《景行唯贤 克念作圣——以人名名之》），室名为第一生修梅花馆。

黄少牧（1879—1953），名廷荣，一名石，以字行，小名多闻，号问经，又号黄山，室名问梅花馆。安徽黟县人。书法篆刻家。问

黄少牧问梅花馆（现为民居）

第五章　斋居署梅

黄少牧——"问梅花馆"

梅花馆是黄少牧辞官回乡后的静养之所。问梅花馆之意取自清代安徽巡抚冯铨《题园圃联》"为恤民艰看菜色，欲知宦况问梅花"。联语意在告诫为官应体恤民众疾苦，清廉自律。

近现代郑逸梅（见本书第四章《别号用梅》之《精诚之至　梦想成真——以梦境名之》），书斋名纸帐铜瓶室。前人的咏梅诗中颇多涉及"纸帐""铜瓶"等，如南宋诗人晁公溯有"折得寒香日暮归，铜瓶添水养横枝"，诗画家张功甫《梅品》有"花宜称，凡二十六条……为铜瓶，为纸帐"，清代文学家张问陶《梅花八章》诗有"铜瓶纸帐老因缘，乱我乡愁又几年"等。铜瓶是插梅用的，纸帐是围于梅花四周的饰物。郑逸梅素爱梅，他说："我是爱梅成癖的，以梅为号，即纸帐铜瓶室的斋名，亦因前人咏梅诗颇多涉及纸帐和铜瓶，也就取而题之，暗藏春色了。"（《郑逸梅选集》第4卷《春来又复说梅花》）郑逸梅一生移居多处，"纸帐铜瓶室"这个匾额到哪里便挂到哪里。书画家汪家玉、蒋吟秋、刘海粟等为其书匾额，画家吴湖帆、陶冷月、张石园为其绘《纸帐铜瓶室图》。

郑逸梅——"纸帐铜瓶室"

近现代舒昌森，字问梅，室名问梅山馆。江苏宝应人。工词。

近现代著名京剧表演艺术家梅兰芳于1920年在北京无量大人胡同（今红星胡同）购买了居室，取南宋词人姜夔咏梅名篇《疏影》中"苔枝缀玉"句，命名为缀玉轩。

· 235 ·

· 历代名人与梅 ·

九、追宗溯祖　一脉相承——沿袭前人斋号

管干贞（1734—1798），字阳复，号松崖。江苏常州人。乾隆三十一年（1766）进士，居官清廉，耿直无私。工文史，善花鸟。罢官后隐居故乡常州，并建锡福堂（管干贞故居）。管干贞在院内种植梅花、石榴等，书房仍沿用其四世祖管滋琪的斋名——梅花书屋。著有《五经一隅》《松崖诗钞》等。

汤绶名（1802—1846），字寿民，一字封民。江苏常州人，居南京，清名画家汤贻汾长子。汤绶名之父母（汤贻汾、董婉贞）皆爱梅、画梅、咏梅，其画室名为画梅楼。汤绶名受其家庭环境熏陶，精四体书，工铁笔，擅画墨梅、山水等，其画室仍使用父亲的画室名——画梅楼。

汤涤——"画梅楼"

汤涤（1878—1948），字定之，号乐孙，亦号太平湖客、双于道人、琴隐后人等，乃汤贻汾之曾孙。江苏常州人，中年长居北京，晚年定居上海。工书善画，擅写山水、仕女，尤擅画松、竹、梅。室名之一——画梅楼，仍沿用祖辈使用的斋号。

王凯泰（1823—1875），字补帆，号补园主人，室名十三本梅花书屋。江苏宝应人。道光三十年（1850）进士，官至广东布政使、福建巡抚等。工诗。康熙四十二年（1703）状元、王凯泰五世伯祖王式丹，居所名十三本梅花书屋。当时，王式丹请名家为其绘制《十三本梅花书屋图》，并征诗，一时传为佳话。王凯泰在同治八年（1869）任广东布政使期间，依样在所建应元书院内建十三本梅花书屋，并自题书屋匾额。同治十二年（1873），

王凯泰任福建巡抚期间,在福州城南公园、西湖书院、乌石山等处又相继建造十三本梅花书屋。在福州西湖书院旧址建致用书院时,

福州西湖书院墨池亭前梅花

福州乌石山前十三本梅花书屋遗址梅花

王凯泰仍沿袭"梅花故事",在书院内种植梅花,并建十三本梅花书屋(现在西湖书院内的墨池亭前栽植有 15 株梅花)。因西湖书院地势较洼,王凯泰后又将十三本梅花书屋建在福州乌石山前范承谟祠的左面。笔者于 2014 年 3 月到此考察时,此遗址栽植 22 株梅花。有文章说,这是为了恢复当时的人文景观;但不知何故,此两处十三本梅花书屋遗址处的梅花分别是 15 株和 22 株,而不是 13 株。看来,只有当时的设计者才能知道其中的原委。

沈铨《孔雀松梅图》

傅振海(1855—1926),谱名炳涵,字秉中,号晓渊。浙江诸暨人。室名仍用其父之室名——守梅山房。工诗,著有《守梅山房诗稿》《守梅山房文稿》等。

第六章　长相伴梅

许多爱梅之士一生酷爱梅花，留下了许多佳话。百年之后，他们仍选择与梅花相伴，同样留下了许多感人的故事。

一、生前自营

有些爱梅之士为了与梅花永久相伴，生前就选择营造自己瘗骨之处，并在其周围栽植梅花或直接将生圹建在梅花丛中。

北宋著名诗人林逋孤高自好，性喜恬淡，通晓经史百家。40岁前曾漫游江淮之间，后隐居杭州西湖，结庐西湖孤山，20年足不入城。

林逋墓

· 历代名人与梅 ·

一生不仕不娶，唯植梅养鹤，自谓"以梅为妻，以鹤为子"，人称"梅妻鹤子"。据《宋史·隐逸传·林逋传》记载，林逋生前在其居所旁（今放鹤亭西侧）营造了自己的瘗骨之所；死后；州守李谘"为素服，与其门人临七日，葬之"。据说，林逋死后，鹤在墓前哀鸣而亡，时人将其埋葬在林逋墓前。林逋生前以梅为妻，以鹤为子，逝后仍与梅鹤相伴。

天童寺冷香塔院

近代著名爱国诗僧、中华佛教总会首任会长敬安大师（字寄禅）于百花之中独爱梅花，尤爱白梅，并以擅写梅花而著称，晚年有"白梅和尚"之雅号。刊刻出版诗集《嚼梅吟》《白梅诗》等。1910年，敬安大师在任天童寺住持期间，于天童山青龙冈自营一处埋骨之所——冷香塔院，环植梅花，名曰"冷香"。塔院建成后，敬安大师与全寺僧众在塔前举行了法会。会上，他宣读了《自题冷香塔》诗两首，其中一首为：

　　佛寿本无量，吾生讵有涯？
　　传心一明月，埋骨万梅花。
　　丹嶂栖灵窟，青山过客家。
　　未来留此塔，长与伴烟霞。（敬安撰，梅季点校《八指头

· 第六章　长相伴梅 ·

陀诗文集》）

　　1912年，敬安大师客死北京法源寺，后归葬于冷香塔院。该院在"文革"期间被夷为平地。为纪念前贤，天童寺在原址重建冷香塔院，内建石塔石亭。亭曰"嚼梅"，中竖石碑一方，正面镌刻敬安德相，背面重刻其旧作《冷香塔自序铭》等。一代诗僧又能在此与梅花相知相伴了。

天童寺冷香塔院嚼梅亭与寄禅德相

天童寺冷香塔院嚼梅亭
左侧梅花

天童寺冷香塔院嚼梅亭
右侧梅花

· 241 ·

• 历代名人与梅 •

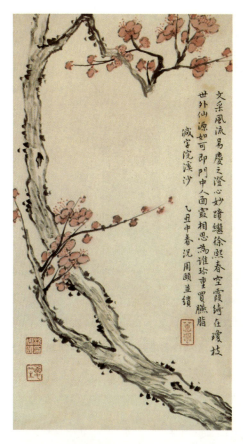

况周颐《梅花》

近代著名词人况周颐最爱梅花，1926年在上海病逝后，子女遵照遗命，将他安葬在浙江湖州道场山下。这里有况周颐太夫人坟茔，有况周颐亲自营造的生圹和绕穴环种的十余株梅花。这位一生酷爱梅花的玉梅词人终于安眠在青山白梅之中。

南社巨擘、藏书家高燮对梅花具有别样的深情。1911年，他在秦山（今上海金山区张堰镇境内）建闲闲山庄，并在其中筑一生圹——梅花香窟，周围栽植从苏州邓尉移来的梅花百余株。早春二月，梅花盛开时，高燮邀请天梅（高旭）、石子（姚光）等名流雅士探春赏梅，饮酒赋诗。当时，高燮的先聘妻（聘妻指已经订婚而尚未过门的妻子，由于亡故，所以前加"先"字）顾应书已归葬这里，高燮为其刻圹铭云："梅花如海，拥护佳城，他年同穴，证以兹铭。"（李海珉《说高燮的〈贤媛抚子图〉》）另外，高燮在其咏家乡的诗中也流露出百年后与梅同眠的想法："他年埋骨此山隅，香窟曾栽百树梅。岁岁携樽来赏饮，春风相约一齐开。"（高燮《乡土杂咏》）1958年，高燮在上海病逝以后，却安葬于龙华公墓而未葬于梅花香窟。原来的梅花香窟现已无迹可寻。

· 第六章　长相伴梅 ·

国画大师张大千一生酷爱梅花，无论住在国内还是侨居国外，他都喜欢在自己的住所栽植梅花。20世纪70年代，张大千移居美国环荜庵，在附近沙滩上发现了一块巨石，高一丈有余，重达5吨多，其外形颇似台湾轮廓，张大千视为至宝，题名"梅丘"。1979年，张大千移居台湾时，托友人将此石运到台湾"摩耶精舍"（张大千居所），放置在"听寒"与"翼然"两亭之间，周围栽满梅花。1983年4月2日，张大千在台湾逝世后，葬于摩耶精舍的梅丘石下。梅丘，意为"归正首丘"（狐狸死后，头部始终朝向洞穴的方向）。梅丘头部朝向祖国大陆，取意为心向故里。早在1980年，张大千就在《题梅丘石畔梅》中云："片石峨峨亦自尊，远从海国得归根。余生余事无余憾，死作梅花树下魂。"（高纪洋《张大千》）可见，张大千晚年盼望叶落归根，并流露出身后要以梅花为伴的愿望。

二、生前自选

有的爱梅之士为了能与梅花永久相伴，生前就在自己喜欢的赏梅胜地或植有梅花的地方选定自己百年之后的埋骨之所。

清初石和阳，自号嵩隐，河南南阳人。早年参加科举，中进士并做官，后弃家入道，四方游历，足迹遍及大江南北。到庐山后，对山上的木瓜洞一见钟情，并在此居住，炼丹修道，著书授徒。因为爱梅，石和阳便在木瓜洞附近置田数亩，植梅百树。89岁时，石和阳与弟子们在梅林中的洗心亭旁赏梅，忽然指着亭子说："我将葬在这里。"随后吟诗：

风起白云收，行年八十九。

仰天见明月，七星是北斗。（吴国富《清初高道石和阳》）

吟毕，泰然而去。石和阳去世后，弟子们遵嘱将其安葬在距离洗心

· 243 ·

亭不远的地方，与这里的梅花永久为伴。

清初画家石涛品性孤高，极喜松竹梅"岁寒三友"，尤爱梅花；晚年号称梅花道人，以风雪梅花自况。康熙四十六年（1707）夏天，病中的石涛自知来日无多，便开始自筹生圹，选择墓门。一天，高翔到大涤草堂看望石涛，石涛对他说："人生老死当以乐事，大涤子一生无累，今已选好墓门，在蜀冈平山堂后，此地有松树竹林与梅花……明日可以招乐妓，邀诗友，乘画舫，饮美酒，作暖圹之举……"（尹文《梅花二友——汪士慎　高翔传》）是年冬天，石涛病逝后，归葬于扬州蜀冈平山堂后。

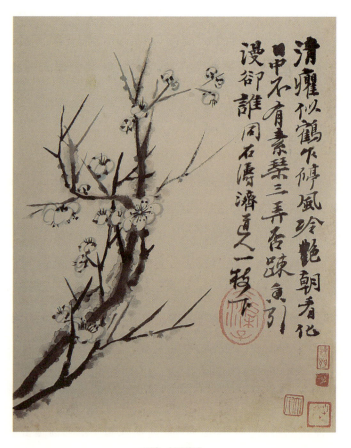

石涛《墨梅》

第六章 长相伴梅

　　金石书画大师、西泠印社首任社长吴昌硕一生爱梅，自谓"苦铁道人梅知己"。吴昌硕在西泠印社从事艺术活动时，经常到杭州超山游览，对超山的十里梅花情有独钟，曾有著名的《忆梅》诗云："十年不到香雪海，梅花忆我我忆梅。何处买棹冒雪去，便向花前倾一杯。"（浙江省安吉县政协文史委员会《吴昌硕》）1927 年春，吴昌硕率儿孙等辈重游超山，恰梅花盛开，一路香风拂拂，沁人心脾。当时，军阀混战，人民渴望太平而不可得，吴昌硕此时重游胜地，不禁流连徘徊，不忍离去。吴昌硕一直有"安得梅边结茅屋"的夙愿，为永远与十里梅花相伴，他亲自选定超山作为自己的长眠之所，并当面叮嘱儿辈遵行。1927 年 11 月，吴昌硕突患中风，不久便在上海寓所谢世。其后辈遵照遗命，即在超山宋梅亭后山麓上为老人营葬。1933 年 11 月，吴昌硕被迁葬于此。吴昌硕墓门前石柱上有沈卫太史（沈卫，人称沈太史，吴昌硕好友）撰联曰："其人为金石名家，沈酣到三代鼎彝，两京碑碣；此地傍玉潜故宅，环抱有几重山色，

吴昌硕墓

十里梅花。"（吴长邺《我的祖父吴昌硕》）一代艺魂从此安息在"十里梅花香雪海"之中。

吴昌硕墓前梅林

近代著名词人郑文焯是"晚清四大家"之一。辽宁铁岭人（其自称山东高密郑氏）。同好友吴昌硕一样，郑文焯一生赏梅、写梅、咏梅。因为喜爱梅花，喜爱吴中的湖山风月，郑文焯旅居苏州40余年。1918年，郑文焯在苏州病逝后，卜葬于江南三大赏梅胜地之一——光福邓尉。

三、亲友圆梦

有的爱梅之士生前留下遗愿，希望逝后能与梅花相伴；有的虽然没有留下遗愿，但其亲友据其生前爱好，在墓地植梅或刻制梅花图案等，以志其爱梅之好。

· 第六章 长相伴梅 ·

元代杰出画家吴镇酷爱梅花，号梅花道人、梅沙弥等。元至正十四年（1354）吴镇病逝前，自题墓碣"梅花和尚之塔"，乡邻将

吴镇墓

吴镇墓对面梅花亭

其镌成墓碑，立于墓前。起初，吴镇墓前并无梅花，梅花庵也是后来为明代所建。据有关史料记载，吴镇墓前的梅花最早应是明代画家陈继儒访求吴镇墓时所植："种梅花数枝于墓上，招其魂而归之。"（陈继儒《梅花庵记》）吴镇墓及其附属建筑梅花庵历代均有修缮。现在吴镇墓周围主要是蜡梅，墓东侧的院内主要是梅花。环境素洁淡雅、寂静幽深，人们到此拜谒，敬仰之心油然而生。

吴镇墓东侧院内梅花

明末清初画家、僧人、"新安画派"的开山鼻祖渐江和尚一生爱梅，如痴如醉，自号"梅花古衲"。康熙三年（1664）渐江圆寂于五明禅院，临终前告诉友人"墓前种梅为绝胜事，归卧竹根之日，尚有清香万斛，濯魄冰壶，何必返魂香也"（王泰徵《渐江和尚传》）。据其遗愿，弟子们将渐江安葬在安徽歙县披云峰下，并在墓旁栽植梅花数百株，寓其孤傲高洁，故又称为"梅花古衲墓"。

第六章 长相伴梅

渐江和尚墓

渐江和尚墓周围雨中淡淡开放的红梅绿梅

光绪二年（1876）进士、杭州知府林启曾两度到杭州为官，其最大政绩是开杭州近代教育之先河。作为文化人，林启十分仰慕隐居孤山的林逋,并主持在孤山补种梅树百株。1900 年林启去世后,杭州人民根据他生前曾有"为我名山留片席,看人宦海渡云帆"的愿望,将其安葬在林逋墓旁。林启墓边设有林社,供奉着林启的塑像,其中有一副挽联这样写道:"教育及蚕桑,三载贤劳襄太守;追随有梅鹤,一龛香火共孤山。"林启墓于"文革"期间被迁到杭州鸡笼山马坡岭。现在有些人士正在积极呼吁,希望在孤山恢复林启墓。

近代著名书画家、教育家李瑞清,号梅庵、梅痴、阿梅,晚年自号清道人、玉梅花庵主等。李瑞清一生爱梅,书斋也名其为"玉梅花庵"。1920 年李瑞清逝世后,同乡挚友曾熙、学生胡小石等将他安葬于南京南郊牛首山梅岭罗汉泉,墓旁植梅 300 株,筑室数间,题名"玉梅花庵",以志其号。遗憾的是,现在李瑞清墓前不但已无梅花,而且周围没有路,其墓碑也在一片荆棘丛中。

李瑞清墓

民族工商业家、无锡梅园主人荣德生病逝后安葬在无锡孔山南麓，面向梅园，因荣德生最爱梅花，所以墓园四角均种植梅树。

荣德生墓碑

荣德生墓和墓周梅花

著名京剧表演艺术家梅兰芳姓梅亦爱梅。他爱梅之高洁，常以梅励己。抗战期间蓄须明志，拒绝演出，体现了不屈的民族气节。1961年梅兰芳逝世后，葬于北京香山植物园西面的万花山上。万花山下是河道，原拟栽植1000株梅花，以建梅园。梅园虽未建成，但梅兰芳长子梅苞绅设计的墓地是以梅花为基调，墓园、甬道、墓基和主墓都由梅花图案构成，体现了梅兰芳先生的爱梅情怀。

江南才女、中国第一位农学女教授曹诚英一生爱梅，常以梅自喻，品格高雅。1973年曹诚英在上海病逝后，遵其遗愿，乡人将其骨灰运回安徽绩溪旺川故里，安葬在其祖辈旁边。曹诚英墓门上有"江南才女"四个粗硕雄健的大字，墓门左右有梅花和兰花石雕。

另外，一些爱梅之士百年之后虽然没能与梅花相伴，有的甚至连坟墓也找不到，但从他们的著述或有关典籍中可知，他们同样有着与梅永久相伴的愿望。

• 历代名人与梅 •

　　清代诗人吴伟业一生酷爱梅花,不仅将自己新建的别墅取名梅村,而且还将梅村作为晚年的别号。吴伟业去世后,遵其遗命,亲友们将他安葬在苏州西南30里处的光福邓尉山中。据说,吴伟业的墓地后来成了一片梅林。据王振羽先生《梅村遗恨——诗人吴伟业传》记载,与吴伟业同乡的另一位状元毕沅功成名就后,经常到梅村墓前表达哀思,在读了《梅村集》后,题诗四首,其中一首云:"草间偷活为衰亲,绝命词成饮恨新。香海一抔埋骨后,梅花窟里吊诗人。"可见,吴伟业逝世后,的确仍有梅花为伴。2011年7月,笔者到江苏太仓朱屺瞻梅花草堂考察时,在梅花草堂的展览馆里看到了光福邓尉新筑的吴伟业坟墓,有力地证实了这一点。

吴伟业墓(朱屺瞻梅花草堂"太仓名人展览馆")

　　清代著名学者朱彝尊工诗、文、词、史、考据等,尤以词著名,在其词作中曾有"安得太湖三万六千顷,化为一碧葡萄浆,供我大醉三万六千觞,醉死便葬梅花傍"之句。2010年2月,作者到朱彝尊故居——竹垞（曝书亭）考察时，曾向镇文化馆的领导询问过，他们说，朱彝尊的墓现在已经找不到了，只知原葬于浙江嘉兴百花庄一带，当时那里是否有梅也不得而知。尽管如此，我们从朱彝尊的上述词句中仍能感受到他爱梅的痴狂和与梅相伴的强烈愿望。

乾隆二十五年（1760）状元、名儒重臣毕沅早在湖广总督任上时，就在苏州灵岩山麓建造灵岩山馆。因为爱梅，灵岩山

朱彝尊《曝书亭集》书影

馆建造之初，毕沅特地吩咐家人在馆中植梅千株，并辟有问梅精舍。不久，他又在距此处不远的上沙村为自己选定了墓地，并题生圹联曰："读书经世即真儒，遑问他一席名山，千秋竹简；学佛成仙皆幻相，终输我五湖明月，万树梅花。"（王伏丹《毕沅与灵岩山馆》）毕沅墓于20世纪70年代被考古发掘，文物藏于南京博物院。毕沅的墓地虽早已没有昔日的景象了，但他勤政爱民、喜爱梅花的事迹给人们留下了美好的记忆。

南社创始人之一高旭于1903年在今上海金山区张堰镇建万梅花庐（又称万树梅花绕一庐），房前屋后栽培了数千株梅花。高旭非常喜欢这里的环境，曾数次写诗咏之。在《再题万树梅花绕一庐》中云："买田卜筑老淞滨，种得梅林贮古春。此地他年可埋骨，冻蜂寒蝶漫相邻。"（郭长海、金菊贞《高旭集》）高旭希望百年之后托身此地，以梅为伴。可是，现在已找不到高旭的墓地。据说，

高旭病逝后，与原配夫人周红梅合葬在故里的秦山脚下，共同诉说着昔日的感情……

著名园艺家周瘦鹃生前曾得杨彭年手制竹根形紫砂花盆，甚为珍视，自谓："将来逝世，骨灰必须装在此盆中，置于其家'梅屋'，插以灵芝，衬以灵璧石。"（《郑逸梅选集》第1卷）周瘦鹃故居内的梅丘、梅屋一带栽有十多株梅树，以白梅居多，有红梅点缀其间。梅花开时，蔚为大观，自成丽瞩，朋友们誉之为"小香雪海"，周瘦鹃则戏称为"香雪溪"。周瘦鹃很喜欢这个环境，希望自己百年之后能在此与梅相伴，但"文革"期间周先生不幸去世，未能如己所愿。

吴伟《踏雪寻梅图》

附录一

梅 石 居 记

余爱梅，爱其铁骨寒香，高洁淡雅；亦爱石，因其自然妙造，亦画亦诗；余更爱附石之梅，"石得梅而益奇，梅得石而愈清"，故颜其斋曰梅石居。丁亥小雪日，请陈俊愉先生题写斋名，先生欣然应允，挥毫题之。

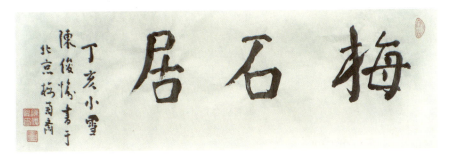

梅石居（陈俊愉题）

余甚喜，是为记。

王春亭

2007年12月13日于雪山梅园梅石居

（陈俊愉先生为中国工程院原资深院士、梅品种国际登录权威、中国花卉协会梅花蜡梅分会会长）

· 历代名人与梅 ·

梅石居匾额（兰州军区炮兵原副政委徐庆明将军题）

梅石居冬景

梅石居（书法家肖鉴克先生题）

附录二

梅 石 居 记

武传法

向闻至交春亭兄嗜梅,而非知其度也。及至其梅石居,乃肃然起敬也。斗室之内,方庭之中,梅石荟萃,精品济济,齐神州著名

梅石居客厅

· 历代名人与梅 ·

梅园之品位,并深得梅花之神韵。噫!临之若处东湖梅岭、无锡梅园、南京梅花山之境,至则感悟陶令东篱、杜甫草堂、梦得陋室之风者,唯梅石居也。一居之内,能养梅、赏梅、写梅、咏梅、画梅、刻梅,集梅石文化之大成,以此自勉自励,修身养性者,唯主人之逸兴也。

梅石居(青岛科技大学教授王进家先生题)

尝闻赏梅有"四贵",而不得享也。及至梅石居,乃心旷神怡也。白者如雪,红者似霞,绿者赛翠,秀外莹中,修洁洒脱,暗香疏影,孤压群芳。既以韵胜,又以格高,见姿则目爽,闻香则意酣者,主人之梅花盆景也。其桩之老,干之瘦,枝之稀,花之含,"四贵"兼也。"四贵"之外,主人又兼一贵。其附石而雅,抱石而健,穿石而劲。梅以石而愈清,石因梅而益奇者,乃主人之所贵也。

素闻梅具"四德",而不得悟也。及至梅石居,乃心领神会也。其初生为元,开花为亨,结子为利,成熟为贞者,乃梅之"四德"也。"四德"之外,主人又兼一德。其玉洁冰清,具君子之风;贞姿劲

梅石居(山东大学教授刘乐一先生题)

质，有俊傲之骨。以此冲雪而出，凌寒而开，独步早春，自全其天。冰天雪地不昧其洁，华腴绮丽不辱其志者，乃主人所修之梅德也。

又闻梅开"五福"，而未之喻也。及至梅石居，乃豁然开朗也。主人尝云："梅花之五瓣，五福之征兆。"谓五福者，快乐，幸福，

梅石居（刘晓山先生篆刻）

梅石居藏书印（王景兰先生篆刻）

长寿，顺利，和平也。五福之外，主人又兼一福。问之何福，则欣然曰："春满乾坤，福遍神州，天下皆春而后笑，天下皆福而后福，此予之福也。"

己卯仲冬记。

（武传法为山东省作家协会会员）

· 历代名人与梅 ·

附录三

雪 山 梅 园

雪山梅园坐落在山东省临沂市沂水县风景秀丽的雪山风景区。2000年春始建。

梅园以梅文化为核心,以梅文化石刻艺术为主要特色。建有"百

雪山梅园大门

梅图"石刻长廊、咏梅诗词碑廊、咏梅对联影壁、五福亭、知春亭、摽梅亭、踏雪桥、冷香桥、暗香浮动榭、坐中几客轩、玉照堂（梅

五福亭

知春亭

文化展厅)、梅石居等,初步形成了素洁淡雅、古朴清丽的江南园林风格,有"江北留园"之美誉。

"百梅图"石刻长廊内,镶嵌了中国历代(主要是宋、元、明、清以至现当代)百位画家的100幅画梅精品。这些作品千姿百态,风格迥异,有金农的清奇、王冕的超逸、李方膺的淡雅、八大山人的冷隽、扬无咎的清意逼人、陈继儒的洒脱自在、吴昌硕的古朴拙劲、文徵明的清丽高古等。将如此众多的画梅精品雕刻到花岗岩板材上,这在中国各大赏梅名园中尚无先例,在世界梅文化史上也占据重要的地位。此成果于2001年8月被上海大世界基尼斯总部确认为"大世界基尼斯之最"。

百梅图石刻长廊

咏梅诗词碑廊内镶嵌的咏梅诗词石刻主要选取南北朝至清代的咏梅诗词(这些全部为当代书家书写)。这些咏梅诗词对梅花的神、韵、色、香、姿等各个方面进行了细致、生动的描写。当代书法家刘艺、聂成文、张海、朱关田、王冬龄等高超的书法艺术和鲜明的个性特点把梅花精神表现得淋漓尽致……

咏梅诗词碑廊

梅园内有"梅溪春浓"景点，或俯或仰，或高或低，或聚或散，或大或小，点缀着数十方镌刻在园林观赏石上的梅文化印谱。这些印谱主要选自中国明、清以及现当代著名篆刻家的作品，有齐白石的"知我只有梅花"、吴熙载的"画梅乞米"、丁敬的"梅竹吾庐主人"、徐三庚的"梅隐"、杨瀚的"梅花似我"、韩天衡的"梅花草堂"、程与天的"梅香四海"、沙孟海的"愿与梅花共百年"等。这些作品既有石头的自然美，又有金石篆刻所特有的残破古朴美，令人流连忘返……

咏梅闲章

咏梅对联影壁上镶嵌了 30 余副咏梅对联。这些对联主要选自中国宋朝以来著名书法家的咏梅对联墨宝，如米芾、黄易、何绍基、郑板桥、陈鸿寿、伊秉绶、于右任、弘一法师等。这些书法作品于楷、隶、篆、行、草各体具备，且极具艺术个性，或工整秀气，或潇洒自在，或清新自然，或金石意趣，给人们留下了深刻而美好的印象。

毛泽东《卜算子·咏梅》影壁

咏梅楹联影壁

由于梅园在梅文化石刻艺术方面的成绩突出，2004年春，经中国花卉协会梅花蜡梅分会批准，"中国梅文化石刻艺术研究中心"

坐中儿客轩

· 265 ·

· 历代名人与梅 ·

在雪山梅园成立。中国工程院资深院士、梅品种国际登录权威、中国花卉协会梅花蜡梅分会原会长陈俊愉先生为该中心题写了匾牌。

暗香浮动榭

摽梅亭

梅园现栽培梅花 70 余个品种、1000 余株。每年春天花开时节，赤者，红英灼灼；朱者，丹霞一片；绿者，翠英点点；白者，婀娜多姿……满园梅花姹紫嫣红，暗香浮动，吸引着众多游客前来踏青赏梅。

香影亭

乐在其中

• 历代名人与梅 •

　　盆景园内近 1000 盆梅花盆景源于自然，高于自然，其造型有附石式、水旱式、风吹式、提根式、写意式等，或虬屈似铁，或婀娜多姿，或小巧玲珑，或古朴拙劲……

玉照堂内梅花盆景

　　雪山梅园已成为人们节假日休闲娱乐的好去处。随着今后的建设与发展，她必将成为中国江北的赏梅胜地和亮丽的梅文化中心，为世人所喜爱。

梅园鸟瞰

主要参考书目

商承祚、黄华编：《中国历代书画篆刻家字号索引》（上、下），人民美术出版社 2002 年版。

池秀云编著：《历代名人室名别号辞典》，山西古籍出版社 1998 年版。

杨廷福、杨同甫编：《清人室名别称字号索引》（上、下），上海古籍出版社 2006 年版。

杨廷福、杨同甫编：《明人室名别称字号索引》（上、下），上海古籍出版社 2002 年版。

陈玉堂编著：《中国近现代人物名号大辞典》，浙江古籍出版社 2005 年版。

匡得鳌著：《安吉吴昌硕》，中国文化出版社 2007 年版。

吴十洲著：《百年斋号室名摭谈》，百花文艺出版社 2006 年版。

甘桁著：《斋名集观》，汉语大词典出版社 2005 年版。

朱亚夫编著：《名家斋号趣谈》，江西美术出版社 2005 年版。

斯舜威编著：《名家题斋》，西泠印社 2006 年版。

杜产明、朱亚夫编：《中华名人书斋大观》，汉语大词典出版社 1997 年版。

吴长邺著：《我的祖父吴昌硕》，上海书店出版社 1997 年版。

佘德余著：《都市文人——张岱传》，浙江人民出版社 2006 年版。

俞国林著：《天盖遗民——吕留良传》，浙江人民出版社2006年版。

张郁明著：《盛世画佛——金农传》，上海人民出版社2001年版。

高鹏著：《八大山人》，山西教育出版社2006年版。

王振羽著：《梅村遗恨——诗人吴伟业传》，江苏教育出版社2006年版。

李宗邺著：《彭玉麟梅花文学之研究》，商务印书馆1935年版。

《湖湘文库》编辑出版委员会编：《八指头陀诗文集》，岳麓书社2007年版。

贾越云著：《画家管锄非》，中国戏剧出版社2003年版。

崔莉萍著：《江左狂生——李方膺传》，上海人民出版社2001年版。

章涪陵、张纫慈著：《世纪丹青——艺术大师朱屺瞻传》，上海三联书店1990年版。

刘永涛著：《齐白石》，山西教育出版社2006年版。

汪世清、汪聪编著：《渐江资料集》，安徽人民出版社1984年版。

关振东著：《情满关山——关山月传》，中国文联出版公司1990年版。

戴小京著：《画坛圣手——吴湖帆传》，上海书画出版社2002年版。

郝兴义编：《潘天寿》，山西教育出版社2006年版。

张志民著：《徐渭》，山西教育出版社2006年版。

北仑区文史资料委员会、镇海区文史资料委员会编：《姚燮研究》（内部资料，2002年印刷）。

王文碎主编：《爱国状元王十朋》，黄山书社2002年版。

王伏丹著：《毕沅与灵岩山馆》，社会科学文献出版社2003年版。

牛继飞著：《石涛》，山西教育出版社2006年版。

尹文著：《梅花二友——汪士慎 高翔传》，上海人民出版社2001年版。

顾平著：《萧云从》，河北教育出版社2006年版。

郑秉珊著：《吴镇》，上海人民美术出版社1982年版。

嘉善县政协文史委等编：《嘉善文史资料——纪念吴镇诞辰七百十周年专辑》（第五集）（内部资料，1990年印刷）。

荣斌编著：《中国咏梅诗词集萃》，中华书局2001年版。

吴昊编选：《梅雪争春》，江苏古籍出版社1997年版。

邓国光、曲奉先编著：《中国花卉诗词全集》，河南人民出版社1997年版。

王增斌解评：《陆游集》，三晋出版社2008年版。

崇州市书法家协会编：《陆游梅花诗词选》（内部资料，1999年印刷）。

刘扬忠注评：《陆游诗词选评》，三秦出版社2008年版。

张堃选注：《王冕诗选》，浙江文艺出版社1984年版。

光一著：《吴昌硕题画诗笺评》，浙江人民出版社2003年版。

刘斯翰选注：《杨万里诗选》，三联书店（香港）1991年版。

纪宏章、孙以年编：《中国历代绘画精品——百梅集》，国际文化出版公司1997年版。

于希宁著：《论画梅》，山东教育出版社1989年版。

潘天寿著：《潘天寿画语》，上海人民美术出版社1997年版。

吴冠中著：《我读石涛画语录》，荣宝斋出版社1996年版。

刘光祖、王林编著：《写梅百家》，黑龙江美术出版社1997年版。

留云编写：《传统画梅》，山东美术出版社1999年版。

曾莉、古阳、李可编：《中国历代梅花写意画风》，重庆出版社1995年版。

王圻、王思义编集：《三才图会》，上海古籍出版社1988年版。

郑逸梅著：《郑逸梅选集》（1—6卷），黑龙江人民出版社1990—2001年版。

政协杭州市西湖区委员会编：《西湖寻梅》，浙江人民出版社2009年版。

后 记

早在 10 年前，笔者就想写梅文化方面的论著，当时拟定名为《中国梅文化》。但由于梅文化涉及面过大，比如文学、书画、篆刻、雕塑、饮食、栽培与盆景等多个领域，笔者尝试了几年，感觉靠自己的力量难以完成，于是，就把选题改为对咏梅斋号的研究，并写成《中国历代名人咏梅斋号撷取》书稿，中国花卉协会梅花蜡梅分会原会长陈俊愉先生还为此写了序言。但是，由于资料积累不足，尤其是第一手资料太少，笔者感到很不满意，就没联系出版，搁置起来。

《历代名人与梅》是在原来资料积累的基础上从 2005 年开始整理撰写的。近十年来，笔者先后到北京、上海、辽宁、河北、山东、江苏、浙江、安徽、湖北、湖南、陕西、福建、云南等省市，对部分历史名人的故居、纪念馆、墓地等进行了实地考察、专访，掌握了大量的第一手资料，为日后写作打下了较好的基础。

本书在写作过程中，得到了诸多专家、学者、挚友和家人的关心和支持。

2006 年夏天，陈俊愉先生到青岛讲学，专程到沂水梅园来视察。其间，笔者汇报了自己的大致想法，得到了陈先生的首肯和支持。

在考察积累资料期间，辽宁铁岭，山东郯城，江苏南京、南通、常熟、昆山、太仓、无锡、泰州、扬州、宝应，浙江杭州、桐乡、桐庐、诸暨、湖州、安吉、嘉善，安徽歙县、休宁、芜湖，上海嘉定区，湖南衡阳、湘阴、祁东，福建福州、泉州，云南昆明盘龙区等地市的政协文史委，临沂大学图书馆，沂水县图书馆，山东沂水政协副主席杨少涛先生，沂水县政协文史委主任庞守民先生、王成生先生，沂水县人大尹传明先生，临沂市公路局金丽女士等，为本书所需资料提供了诸多便利条件，在此致以深深的感谢！

临沂大学刘海洲先生、沂水职业技术教育培训中心武传法先生对本书提出了许多宝贵的意见，临沂薛玲女士，沂水张立东先生、张仕恩先生为本书拍摄了许多图片，在此也一并致谢。

夫人陈明芝一直建议笔者写些梅文化方面的东西。笔者着手整理后，由于难度较大，中途几次想放弃，可后来又每每拾起来，皆得益于夫人的提醒、督促和支持。本书完成后，夫人又亲自题写了书名。女儿王誉桦为本书所需资料做了大量的工作。基层图书资料匮乏，尤其是梅文化方面的文献更少。女儿根据笔者提供的资料，从淘宝网、孔夫子旧书网等渠道，认真地、不厌其烦地及时购书。每当书来时，笔者总是兴奋不已。

中国花卉协会梅花蜡梅分会会长、北京林业大学副校长张启翔先生认真审阅了书稿，并撰写了序言，笔者非常感谢。

齐鲁书社社长宫晓卫先生对本书的出版给予了大力支持和热心指导，责任编辑李军宏女士对书稿提出了许多宝贵的意见，并精心进行了润色修改，在此一并表示诚挚的谢意！

本书参考借鉴了许多专家学者的研究成果，谨表谢忱！

由于条件和个人能力所限，本书定有诸多不足甚至谬误，恳请诸位专家、学者、同仁不吝赐教。

2013年10月7日于雪山梅园梅石居